MANUAL DE PRIMEIROS SOCORROS
DO ENGENHEIRO E DO ARQUITETO

Volume 1

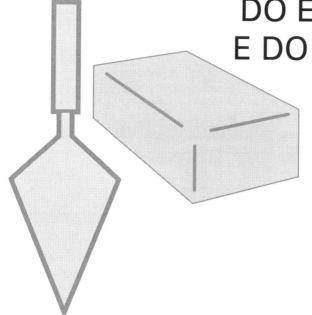

Blucher

MANOEL HENRIQUE CAMPOS BOTELHO

MANUAL DE PRIMEIROS SOCORROS
DO ENGENHEIRO E DO ARQUITETO

Volume 1

2.ª edição
revista

Manual de primeiros socorros do engenheiro e do arquiteto
© 2009 Manoel Henrique Campos Botelho
2ª edição – 2009
4ª reimpressão – 2016
Editora Edgard Blücher Ltda.

Blucher

Rua Pedroso Alvarenga, 1245, 4º andar
04531-934 – São Paulo – SP – Brasil
Tel.: 55 11 3078-5366
contato@blucher.com.br
www.blucher.com.br

Segundo o Novo Acordo Ortográfico, conforme 5. ed.
do *Vocabulário Ortográfico da Língua Portuguesa*,
Academia Brasileira de Letras, março de 2009.

É proibida a reprodução total ou parcial por quaisquer
meios, sem autorização escrita da Editora.

Todos os direitos reservados pela Editora
Edgard Blücher Ltda.

FICHA CATALOGRÁFICA

Botelho, Manoel Henrique Campos
    Manual de primeiros socorros do engenheiro
e do arquiteto/ Manoel Henrique Campos Botelho,
– 2ª ed. rev. – São Paulo: Blucher, 2009.

    Bibliografia.
    ISBN 978-85-212-0477-0

    1. Arquitetura – Manuais, guias etc. 2. Construção
civil – Manuais, guias etc. 3. Engenharia sanitária –
Manuais, guias etc. I. Título.

09-00173   CDD-690

Índices para catálogo sistemático:
1. Engenharia da construção: Manual para engenheiros
e arquitetos   690

AGRADECIMENTOS (1ª edição)

Aos colegas

> Antonio Carlos Mingrone
> Cauby H. Rego
> Edmundo Callia Jr.
> Jason Pereira Marques
> José Augusto Borges
> José Luis Milani
> José Martiniano de Azevedo Netto
> Mitio Nagata
> Mauro Garcia
> Pedro Luiz de Oliveira Costa Neto

pelas críticas e comentários.

Como esses colegas analisaram e comentaram apenas a minuta do trabalho e não leram o texto final, são de responsabilidade do autor as eventuais falhas existentes.

Ao Arq. Luiz Carlos Renzetti Jr. pelas ilustrações para a 1ª edição deste livro.

Caro Leitor

Para se comunicar com o autor, fazer sugestões, críticas e até elogios, veja a última página deste livro, ou mande um e-mail para:

manoelbotelho@terra.com.br

APRESENTAÇÃO DA SEGUNDA EDIÇÃO

A primeira edição deste livro nas suas várias reimpressões foi muito bem aceita, o que nos levou a fazer as revisões para esta nova edição com nova apresentação.

A abordagem singela dos assuntos deste livro é um convite para uma consulta às normas e a doutos livros.

Um momento emocionante, fruto deste livro, foi a minha ida à cidade de Cachoeira do Sul no Estado do Rio Grande do Sul para dar um curso. Essa cidade tinha um distrito que se emancipou e virou município, mas as casas desse distrito não tinham numeração. Com base no texto de capítulo deste livro as casas ganharam numeração, um passo de civilização e o arquiteto que implantou o sistema orgulhosamente agradeceu a mim a orientação inicial. Algo simples, muito simples, mas alguém tem que escrever coisas simples para dar uma primeira ajuda aos colegas mais jovens.

Soube, também, que um professor de uma matéria de um curso de engenharia interrompeu o programa de suas aulas para ler e discutir com os alunos – discutir é algo importantíssimo, pois realça aspectos de um trabalho – o texto da crônica *Como fazer uma inspeção de campo – O caso do técnico que veio de longe.* (ver p. 8 deste livro)

Orgulho-me de escrever também sobre coisas simples.

Um abraço

Manoel Henrique Campos Botelho
maio/2009
e-mail: manoelbotelho@terra.com.br

APRESENTAÇÃO DA PRIMEIRA EDIÇÃO

Com o lançamento, em 1983, do meu livro *Concreto armado eu te amo*, recebi diversas cartas dos meus leitores, sugerindo a abordagem de outros assuntos, sempre dentro de uma linguagem coloquial e prática.

Organizei este livro, escrito em capítulos independentes, procurando desenvolver assuntos do dia a dia do engenheiro e do arquiteto.

É um livro de primeira abordagem e que se propõe a facilitar a consulta posterior, se necessário, à literatura especializada.

Para escrever cada capítulo, não consultei diretamente os livros existentes. Ao contrário, saí a conversar, a fazer perguntas, a entrevistar o pessoal envolvido com obras e projetos, sempre procurando escrever o que ainda não foi escrito. Só depois da minuta do texto pronta é que passei a conferir dados e complementar assuntos com base nas publicações existentes.

Não tenho preconceitos ou temores de escrever coisas simples e práticas sobre o dia a dia de nossa profissão. Oriento-me por Tolstoi, que disse algo como:

É escrevendo sobre sua aldeia,
que o escritor pode, ou não,
criar uma obra de arte.

Meus leitores julgarão.

Ano de 1984
Manoel Henrique Campos Botelho
(*sonhando morar no*
Vale Sagrado do Rio Paraíba do Sul)
e-mail: manoelbotelho@terra.com.br

CONTEÚDO

1. GENERALIDADES, 19

1.1. Tamanhos de papel recomendados pela norma da dona ABNT, 20

1.2. Atas de reunião – Sua necessidade – Um roteiro, 23

1.3. Como fazer uma inspeção de campo – O caso do técnico que veio de longe – Normas para relatórios, 26

1.4. Como contratar obras e serviços de engenharia, 28
    1.4.1. Para a contratação de obras ou projetos temos os seguintes contratos, 28
    1.4.2. Vantagens e desvantagens de cada tipo de contratação, 30
    1.4.3. Contratos, 30

1.5. Médias da estatística, para entender mesmo!!!, 31
    1.5.1. Média aritmética, 32
    1.5.2. Média geométrica, 32
    1.5.3. Média aritmética ponderada, 33
    1.5.4. Moda, 34

1.6. Rudimentos de estatística – A distribuição normal – O sino de Gauss, 36

1.7. Principais itens das leis de regulamentação da profissão de engenheiro e arquiteto, 47

1.8. Quando os engenheiros e arquitetos apresentam bem ou mal seus relatórios, 54

2. CONSTRUÇÕES, 57

2.1. Para entender os termos de topografia e como contratá-la, 58
    2.1.1. Introdução, 58
    2.1.2. A topografia pelas suas palavras-chaves, 58
    2.1.3. Como contratar levantamentos topográficos, 62
    2.1.4. Jargões, 63

2. CONSTRUÇÕES (*Continuação*)

2.2. Topografia de construção – Os triângulos mágicos, o nível, o fio de prumo, o nível de mangueira, 65

2.3. Apresentamos os três personagens principais da mecânica dos solos – O solo arenoso, o solo siltoso e o solo argiloso, 67

    2.3.1. Introdução, 67
    2.3.2. Solos arenosos, 67
    2.3.3. Solos argilosos, 68
    2.3.4. Solos siltosos, 69
    2.3.5. Outras denominações, 69

2.4. Enfim explicado o enigmático índice de vazios dos solos, 71

2.5. Compactação de solos e adensamento, 75

    2.5.1. Adensamento, 75
    2.5.2. Compactação, 75

2.6. Interpretação dos resultados das sondagens à percussão dos terrenos, 79

    2.6.1. Introdução, 79
    2.6.2. Os equipamentos de sondagem, 80
    2.6.3. Andamento das sondagens, 82
    2.6.4. Primeiras observações, 82
    2.6.5. Observações complementares, 83
    2.6.6. Um exemplo de folha de resultado de sondagem, 83
    2.6.7. Dados para interpretação, 86
    2.6.8. Formas de remuneração de sondagens, 86
    2.6.9. Referência adicional, 86

2.7. Areias para a construção civil – Como comprar e como usar, 87

2.8. Pedras (agregados graúdos) para a construção civil – Como comprar e como usar, 89

2.9. Como comprar e usar cimento, 91

2.10. O concreto – A resistência do concreto – O *fck*, a relação água/cimento, o *slump* e as betoneiras do mercado, 93

    2.10.1. A composição do concreto, 93
    2.10.2. A resistência do concreto – O *fck*, 94
    2.10.3. A relação água/cimento, 94
    2.10.4. O consumo mínimo de cimento, 95
    2.10.5. O teste do abatimento do cone – *Slump test*, 95
    2.10.6. Como escolher o seu *slump*, 96
    2.10.7. As betoneiras do mercado, 97

2. CONSTRUÇÕES (*Continuação*)

2.11. Concreto Brasil – Na betoneira ou no braço – O teste das latas, 98

    2.11.1. Fórmula mágica, 98
    2.11.2. Preparação e mistura, 98
    2.11.3. O teste das latas, 100

2.12. Como comprar concreto de usina (pré-misturado), 100

    2.12.1. Introdução, 100
    2.12.2. Cuidados na compra de concreto de usina, 101

2.13. Aços para a construção civil – Como escolher – Cuidados na compra, 102

    2.13.1. Generalidades, 102
    2.13.2. Como comprar, 102
    2.13.3. Para entender o dimensionamento do uso do aço, 103

2.14. Como fazer uma concretagem (ou como exigir que o empreiteiro a faça), 104

    2.14.1. Cimento, 104
    2.14.2. Agregado miúdo (areia), 105
    2.14.3. Armazenamento dos agregados, 105
    2.14.4. Mistura e amassamento de concreto, 105
    2.14.5. Transporte de concreto, 105
    2.14.6. Preparação de formas, 106
    2.14.7. Lançamento, 105
    2.14.8. Adensamento – Vibração, 107
    2.14.9. Cura do concreto, 107
    2.14.10. Descimbramento (retirada de formas e escoramentos), 108
    2.14.11. Será que o concreto está bom? 108

2.15. Vamos preparar argamassas? 108

    2.15.1. Introdução, 108
    2.15.2. Vantagens, desvantagens e uso de cada argamassa, 109
    2.15.3. Exemplo de aplicação – Revestimento em 3 camadas sobre parede de alvenaria, 110
    2.15.4. Pílulas de informações, 110

2.16. Madeiras do Brasil – Como bem usá-las, 111

    2.16.1. Comercialização, 111
    2.16.2. Madeira serrada e beneficiada – Padronização recomendada – Objetivo, 111
    2.16.3. Qualidades e defeitos das madeiras, 113
    2.16.4. Características estruturais das madeiras, 114

Manual de Primeiros Socorros do Engenheiro e do Arquiteto

2. CONSTRUÇÕES (*Continuação*)

    2.16.5. Detalhes de ligações, flechas, ligação com pregos, 115

    2.16.6. Valorização da madeira, 116

    2.16.7. Usos e aplicações das essências, 116

    2.16.8. Madeiras nacionais – Fontes de consulta, 118

2.17. Drenagem profunda (subsuperficial) de solos, 118

    2.17.1. Água no solo – Uso de drenagem profunda (subsuperficial), 119

3. SANEAMENTO, 127

3.1. Elementos de hidrologia – Cálculo de vazões em rios, 128

    3.1.1. Intensidade, 128

    3.1.2. Pluviômetro, 129

    3.1.3. Pluviógrafo, 130

    3.1.4. Duração, 130

    3.1.5. Tempo de concentração (TC), 135

3.2. Hidráulica técnica – Escoamento livre em canais e condutos em pressão, 137

    3.2.1. Introdução, 137

    3.2.2. Lembrete geral, 138

    3.2.3. Escoamento em canal, 141

    3.2.4. Escoamento em pressão, 144

    3.2.5. Exemplos de cálculos, 148

3.3. Será que esta água é potável? Como avaliar a qualidade de água de fontes, riachos, rios e de poços profundos, 151

    3.3.1. Padrões de potabilidade, 152

3.4. Noções de tratamento de água – Estações de tratamento de água – Filtros lentos, 155

    3.4.1. Filtros rápidos com floculação prévia, 155

    3.4.2. Filtros lentos de areia, 158

3.5. Sistema de águas pluviais, 162

    3.5.1. Soluções de águas pluviais, 166

3.6. Jogando fora adequadamente os esgotos de residências – Fossas, 168

    3.6.1. Caso 1, 168

    3.6.2. Caso 2, 169

    3.6.3. Caso 3, 170

3. SANEAMENTO, 125 (*Continuação*)

- 3.7. Sistemas públicos de redes de esgotos – Regras para um dimensionamento prático – Regras para a construção, 174
  - 3.7.1. Introdução, 174
  - 3.7.2. Elementos de rede de esgoto, 175
  - 3.7.3. Funcionamento da rede, 178
  - 3.7.4. Um exemplo de um sistema de esgotos, 179
  - 3.7.5. Exemplo de dimensionamento, 180
  - 3.7.6. Características da rede, 181
  - 3.7.7. Regras para a construção da rede, 182
- 3.8. Noções de tratamento de esgoto – Lagoas de estabilização – Cálculo pelo número mágico – Disposições construtivas, 184
- 3.9. Lixo – Um destino adequado – Aterro sanitário, 189
  - 3.9.1. Lixão, 189
  - 3.9.2. Aterro simples (aterro controlado), 189
  - 3.9.3. Aterro sanitário, 190
- 3.10. O incrível carneiro hidráulico – A fabulosa bomba de corrente, 193
  - 3.10.1. O incrível carneiro hidráulico, 194
  - 3.10.2. Bomba de corda ou corrente, 197
- 3.11. Entendendo o uso de conjuntos motor-bomba para abastecimento de água, 199
  - 3.11.1. Partida da bomba no seu primeiro dia de operação, 200
- 3.12. Crônica sobre o Professor Azevedo Netto – Anteprojeto preliminar de uma estação de tratamento de águas sumário executado em quarenta e cinco minutos, 205
- 3.13. A história da sopa de pedra – Como o Prof. Engenheiro José ensinou a controlar a qualidade da água de uma pequena cidade com poucos recursos técnicos, 210

4. URBANISMO, 213

- 4.1. Numeração de casas ao longo das ruas, 214
- 4.2. Exigências para loteamentos, 215
- 4.3. Quadras esportivas – De futebol e poliesportivas, 219
- 4.4. Cemitérios, 228
  - 4.4.1. Exemplo de cemitério de tumulação, 230
  - 4.4.2. Velórios e necrotérios (Lei n. 8.266), 230

4. URBANISMO, 209 (*Continuação*)

4.5. Controle de erosão – Voçorosas, 231

    4.5.1. Generalidades, 231

    4.5.2. Prevenção contra a erosão, 233

    4.5.3. Combate à erosão, 233

5. TABELAS PRÁTICAS, 237

5.1. Tabelas, 238

    5.1.1. Curiosidades sobre as unidades de medidas, 240

5.2. E quando o triângulo não for retângulo? – A lei dos cossenos, dos senos, tabela de senos, cossenos e tangentes, 242

    5.2.1. A história dos triângulos, 242

5.3. Juros – O caso dos índios Sioux – Os verdadeiros juros da caderneta de poupança, 253

    5.3.1. Introdução – Juros, 253

    5.3.2. O caso dos índios Sioux, 257

    5.3.3. Os verdadeiros juros da caderneta de poupança, 258

5.4. A misteriosa Tabela Price, 260

5.5. A tabela dos vivaldinos dos juros embutidos, 263

6. CUSTOS, 265

6.1. Estrutura da composição do valor que vai na proposta, 266

6.2. Condicionamento da proposta, 267

    6.2.1. Projeto, 267

    6.2.2. Forma de contratação, 267

    6.2.3. Forma de pagamento, 267

6.3. Cálculo do item A – materiais, 267

6.4. Cálculo do item B – mão de obra, 268

6.5. Cálculo dos itens C e D – equipamentos, 270

6.6. Cálculo do item E – administração, 271

6.7. Cálculo do item F – despesas financeiras, 271

6.8. Cálculo do item G – impostos, folgas e extras, 272

    6.8.1. Impostos, 272

6. CUSTOS, 261 (*Continuação*)

6.8.2. Folgas, 272

6.8.3. Extras, 272

6.9. Cálculo do item H – margem de lucro, 272

6.10. Item I – valor que vai na proposta, 273

7. ASSUNTOS GERAIS, 277

7.1. Inspeção e diligenciamento de equipamentos, 278

7.1.1. Níveis de inspeção, 279

7.2. Sistemas hidropneumáticos, 281

8. PRODUÇÃO, 289

8.1. A mesa da secretária, 290

8.2. Atendimento telefônico, 290

8.3. Tratamento a quem visita o escritório ou entra em contato por telefone, 290

8.4. Nunca use a expressão Engenheiro João quando quem ligou foi o Arquiteto João ou vice-versa, 291

8.5. Toda correspondência recebida deve ser arquivada por ordem, 291

8.6. Regra de segurança – cópia de arquivo de computador, 291

8.7. Numere seus e-mails por tipo de trabalho (contrato, obra), 291

8.8. Data em documentos, 291

8.9 Use sempre documentos com tamanho indicado pela ABNT, 292

8.10. Use sempre e exclusivamente os símbolos de unidades oficiais, 292

8.11. Quando fizer perguntas não induza à resposta, 292

8.12. Ficha de informações, 293

8.13. Instruções para viagem, 293

8.14. Feiras de negócios ou congressos, 293

8.15. Repita seu telefone todas as vezes que telefonar (regra de ouro), 294

8.16. Lista de e-mails – duas vezes por ano, 294

8.17. Ajuda na localização de um endereço, 295

Capítulo 1

GENERALIDADES

1.1. Tamanhos de papel recomendados pela norma da dona ABNT.
1.2. Atas de reunião — Sua necessidade — Um roteiro.
1.3. Como fazer uma inspeção de campo — O caso do técnico que veio de longe — Normas para relatórios.
1.4. Como contratar obras e serviços de engenharia.
1.5. Médias da estatística, para entender mesmo!!!
1.6. Rudimentos de estatística
   — A distribuição normal — O sino de Gauss.
1.7. Principais itens das leis de regulamentação da profissão de engenheiro e arquiteto.
1.8 Quando os engenheiros e arquitetos apresentam bem ou mal seus relatórios.

1.1. Tamanhos de papel recomendados pela norma da dona ABNT

A sociedade moderna impõe cada vez mais a padronização. A engenharia e a arquitetura são dois campos marcantemente padronizados. Os documentos de engenharia, relatórios e desenhos, seguem essa tendência.

A ABNT padronizou os tamanhos de papel nos principais tamanhos:
- A-4 (para relatórios)
- A-2 ⎫
- A-3 ⎪
- A-1 ⎬ (para desenhos e ilustrações)
- A-0 ⎭

A seguir, dão-se as dimensões fixadas pela ABNT. Esses tamanhos e dimensões são os mesmos da norma alemã DIN.

A norma ABNT que fixa os padrões é a NBR 10068. O formato básico (formato mãe) é o tamanho A-0, retângulo medindo 1.189 mm por 841 mm, com 1 m^2 de área.

O desenho a seguir mostra tudo:

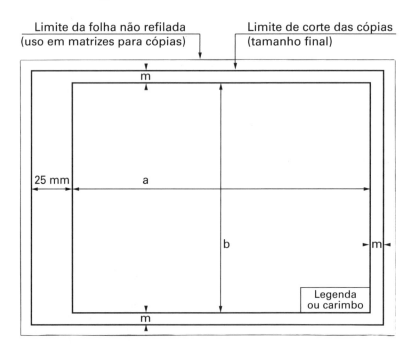

Nota
- Os tamanhos A-0 e A-2 são pouco práticos no manuseio.

Padrão de formatos de papel

Formato	Tamanho padrão "b x a" (mm)	Margem "m" (mm)
A0	841 x 1.189	10
A1	594 x 841	10
A2	420 x 594	10
A3	297 x 420	10
A4	210 x 297	5

Observações

- As dimensões da folha não refilada não são rígidas. São dimensões originárias da fábrica e usadas em cópias de papel vegetal sem refile.

- A cópia (heliográfica, por exemplo) é cortada pela linha de corte (formato final do produto).

Para arquivo, os vários padrões devem ser dobrados para atingir no final o tamanho A-4. Para atender a essas dobraduras, a NBR 10068 indica as posições dos pontos de dobradura.

Veja:

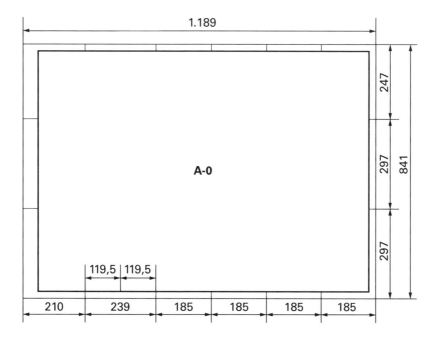

Manual de Primeiros Socorros do Engenheiro e do Arquiteto

Generalidades

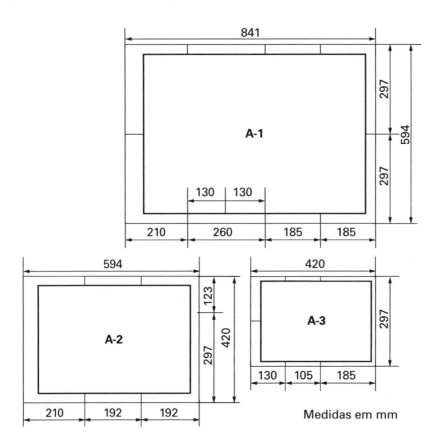

Medidas em mm

Como lembrete destacamos que, em desenhos em que haja grande quantidade de detalhes, é comum colocar coordenadas para facilitar a localização de pontos.

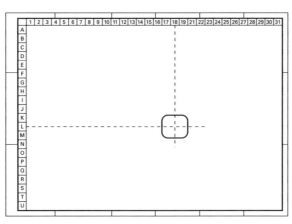

Dessa maneira, fica fácil identificar um detalhe no desenho; pode-se dizer, nas notas do desenho, que uma informação está na coordenada L-18.

Site ABNT.

1.2. Atas de reunião — Sua necessidade — Um roteiro

Todas as reuniões entre técnicos, clientes e interessados, devem ter uma ata. O texto escrito evita muitos problemas futuros. Apresentações só verbais o tempo modifica e altera ao sabor dos interesses.

Faça ata de suas reuniões. Mas faça na hora. É uma questão de treino conseguir fazer diretamente a ata. Para facilitar, use um impresso próprio que orienta e dá forma à ata, e com isso você não se esquece de coisas importantes.

Faça as pessoas presentes assinarem a ata e distribua as cópias na hora. Use, para isso, copiadora, se não tiver uma, trabalhe com papel carbono. Seja resumido e direto. Não tente apenas fazer anotações para, posteriormente, montar a ata pois, certamente, não a fará por falta de tempo.

Lembramos que atas são documentos; portanto, quem não quer se comprometer, não faz ata.

A ata começa pela sua data. Já vi atas sem datas, por incrível que pareça.

ATA N. 01	Data: 05/03/2009

- Local

  Departamento de Obras de Município da Cruz Torta

- Presentes

  Padre João Neves
  Sr. Tobias dos Santos, Presidente do Orfanato Filhos de Jesus
  Eng. Paulo Silva, Prefeitura Municipal.

- Referência

  Construção do Muro do Terreno do Orfanato

ASSUNTOS	PROVIDÊNCIAS
1. O Padre João solicitou auxílio da Prefeitura para murar o terreno do Orfanato.	
2. O Eng. Paulo declarou que a Prefeitura só poderá ceder mão de obra. Não há verbas para material.	
3. Sr. Tobias declarou que fará coleta entre os moradores da cidade para conseguir o material para a construção do muro.	Sr. Tobias
4. O Padre João avisará quando tiver o material pronto.	Padre João
5. O Eng. Paulo providenciará a mão de obra para início de obra até dez dias após a chegada do material.	Eng. Paulo
6. O Eng. Paulo solicita ofício do Orfanato pedindo o apoio da Prefeitura e juntando os croquis da obra.	Sr. Tobias

Assinaturas:

- Próxima reunião

  Dia 17/03/2009   Padre João Neves

- Local

  Orfanato   Sr. Tobias dos Santos

- Horas

  10 horas   Eng. Paulo Silva

Para facilitar a sua vida, apresentamos a seguir modelo padrão de FOLHA DE ATA. Use-a em suas reuniões.

Generalidades

ATA N. _____ Data: _____

- Local

- Presentes

- Referência

ASSUNTOS	PROVIDÊNCIAS

Assinaturas:

- Próxima reunião _____

- Local _____

- Horas _____

1.3. Como fazer uma inspeção de campo — O caso do técnico que veio de longe — Normas para relatórios

Fazer inspeções, visitas de reconhecimento é uma das principais atividades de um profissional.

Cada visita deve ter um produto, um relatório que, arquivado, é uma valiosa referência futura. Valorize esse relatório.

Para fazer visitas eficientes que geram relatórios significativos, é necessário se tomar uma série de cuidados. Crie uma maleta de inspeção de campo, por exemplo.

Leia a minha crônica a seguir **O Engenheiro que veio de longe** publicada na Revista Engenharia n. 437. Essa crônica diz tudo.

Para um aprofundamento sobre técnicas de preparação de relatórios consultem as normas da ABNT sobre Documentação. Ver <www.normanet.com.br>

CRÔNICAS DA ENGENHARIA

O ENGENHEIRO QUE VEIO DE LONGE

Eng. Manoel Henrique Campos Botelho
Publicado na Revista Engenharia n. 437
do Instituto de Engenharia

Um dia, por razões que cada leitor imaginará, uma empresa de projetos em que eu trabalhava teve que contratar um engenheiro-consultor estrangeiro. Eu chefiaria a equipe brasileira que acompanharia e daria suporte aos trabalhos desse engenheiro. A perspectiva de um trabalho comum foi encarada um pouco com curiosidade e um pouco com preocupação. O dito cujo foi recebido sem festas, mas também sem hostilidades. Havia uma expectativa no ar.

As coisas ficaram feias quando se decidiu o que ia o homem fazer: chefiar as equipes dos levantamentos de campo, quaisquer que eles fossem: levantamentos urbanos, hidrológicos, cadastrais, sedimentológicos etc. Trazer alguém de fora para conduzir levantamentos de campo? E nós não sabíamos fazer levantamentos de campo? Mas ordens são ordens e iniciou-se o trabalho em comum. Foi marcada uma reunião de grupo do qual eu fazia parte, para planejar a inspeção do dia seguinte referente ao levantamento urbano e populacional de uns

---

Observação

- "Faça como eu digo, mas não faça como eu faço." Nem sempre atendi neste livro, às minuciosas e detalhadas normas de dona ABNT.
  É que as normas da ABNT citadas são para documentos científicos com pouca preocupação didática.

bairros periféricos de São Paulo e que daria origem a um estudo demográfico e sanitário.

Na reunião, lá veio o personagem em pauta com uma conversa esquisita. Queria o dito cujo saber que roupa usaríamos na inspeção de campo (!), e queria conhecer a mala (?) de apetrechos que costumávamos usar nesses levantamentos. Não entendi a pergunta. Sempre fiz anotações de campo em folhas soltas usando, como é lógico, uma caneta esferográfica que eu nem precisava levar, pois o motorista do carro sempre tinha uma em seu poder.

Quanto à roupa da inspeção (?) que podia ser além de uma velha calça jeans e uma eventual bota, que, aliás, era meio incômoda, face a um eterno prego que um dia eu ainda mandarei o sapateiro tirar. Mas até aí as perguntas do dito cujo eram só surpreendentes ou curiosas, mas não absurdas! Absurdo foi quando ele me perguntou se o roteiro do meu relatório de campo já estava pronto, pois o dele já estava.

Descobri tudo. Além de receber em dólares por uma inspeção de campo, o danado já trouxera o relatório pronto (?). Como pode? Mas ordens são ordens como já disse, eu como tenho dois guris para alimentar não botei a boca no trombone e me preparei para iniciar no dia seguinte o mais inusitado de todos os levantamentos de campo da minha vida. Uma inspeção de campo que já tinha relatório pronto.

As surpresas continuaram no dia seguinte. O homem surgiu no local de encontro como uma figura ridícula. Chapéu de abas largas, calça com elástico na cintura, bombachas na perna, além de previsível bota (possivelmente sem pregos) e carregando uma misteriosa mala preta.

Como, em geral, esses homens não gostam de abrir as caixas pretas, digo malas pretas, não perguntei o que tinha lá dentro. Saímos para a histórica inspeção. Andamos em ruas esburacadas, enlameadas e pulamos por cima de córregos poluídos, paisagens típicas de nossa pobre periferia. Tenho que reconhecer que calças com elástico na cintura como a que ele usava dão maior mobilidade que calças com cintas de couro (questão de módulos de elasticidade diferentes dos dois materiais teria comentado o meu velho professor de Resistência de Materiais). Não pude, pelo exposto, acompanhar em todas as andanças o personagem em foco, pois eu não queria sujar demais minha calça nova de gabardine, já que a minha calça jeans estava lavando exatamente no dia da inspeção. Tive que reconhecer intimamente que nessa questão de indumentária o engenheiro estrangeiro estava melhor equipado. E não é que o ridículo chapéu de abas largas realmente protege a cabeça quando o sol está a pino?

Tão logo deslanchou a inspeção, começou a se abrir a enigmática mala preta. E não é que o homem tinha levado caderno, prancheta de mão, lápis de várias cores, borracha, escala, trena, cartões de visita, binóculo, termômetro, nível de mão, fio de prumo, bússola, canivete de mil e uma utilidades, e mapas da região?

Nesse ponto eu não falhara. Eu tinha levado minhas folhas soltas e, como previa, não faltou caneta esferográfica emprestada do motorista que, nas horas de carro parado, preenchia mil volantes em branco da loteria esportiva na tentativa de cercar a zebra.

Como o último coelho que os mágicos tiram da cartola, o colega tirou da mala preta uma máquina fotográfica, e foi tirando fotos dos locais visitados e escrevia num papel com números que significava cada uma.

A inspeção ia bem. Eu procurava olhar e gravar tudo o que via; sou ótimo observador. O consultor, em oposto, devia ter péssima capacidade de julgamento, pois anotava tudo, media tudo e escrevia tudo no seu caderno sobre a prática prancheta de mão. Até alguns desenhos ele podia fazer face ao enxoval que trouxera. Ainda voltamos cedo para o escritório e decidimos começar a escrever o relatório da inspeção de campo. Aliás, quem ia escrever era só eu, pois o colega não já o tinha trazido pronto lá do hemisfério norte? Fui olhar de soslaio a sua famosa minuta do relatório. A minuta era um tipo de relatório padrão em que o relator devia tão-somente preencher os claros e os dados faltantes como que seguindo um roteiro básico. O relatório padrão sugeria, pois, que fossem preenchidas informações tais como: data, número de contrato, pessoas que participaram da inspeção, quilometragem de início e fim do uso do carro, ocorrência de chuvas, temperatura local, as plantas e mapas que orientaram os levantamentos etc., etc. É, dificilmente alguma coisa escaparia.

John terminou rápido seu relatório, anexando suas fotos tiradas com sua câmara fotográfica digital* e colocando tudo o que medira, registrara e anotara. O relatório dele até que ficou bom. Quanto ao meu, bem... decidi começar a escrevê-lo em casa, depois que as crianças dormissem.

Não escrevi o meu relatório, escrevi esta crônica.

1.4. Como contratar obras e serviços de engenharia

Toda comunidade tem seus termos, jargões e expressões que valem dentro dela.

Assim é na engenharia e na parte do direito que é o direito de construir. Os jargões e seus significados são:

1.4.1. Para a contratação de obras ou projetos temos os seguintes contratos

1. *Contrato por empreitada global*
   O contratado (empreiteiro, construtor) se responsabiliza por executar uma obra bem definida fornecendo mão de obra e materiais. Seu preço é global

---

* Na época dessa crônica era a máquina Polaroid.

(podendo ou não prever reajustes de preços).
Se o trabalho puder, na prática, ser realizado com economia de mão de obra ou material, essa vantagem fica com o empreiteiro. Se a obra resultar mais difícil ou mais cara, isto também é de responsabilidade do empreiteiro, que não repassa* qualquer acréscimo de preço ao dono da obra.

2. *Contrato por empreitada de mão de obra*
O Contratado (empreiteiro, construtor) responsabiliza-se globalmente pelo fornecimento de toda mão de obra. O dono da obra fornece, sob sua responsabilidade, o material.
Se a obra exigir mais mão de obra do que o previsto pelo empreiteiro, este fornecerá, sem ônus, esse adicional.
Se o trabalho puder ser feito com menos mão de obra, a vantagem será do empreiteiro.

3. *Contrato por administração*
O contratado apenas administra o custo da obra (materiais, mão de obra) sem, entretanto, se responsabilizar pelos valores resultantes. Conforme surgem os gastos, o dono da obra paga por eles (materiais, folha de salários).
A remuneração do contratado (engenheiro, arquiteto, construtor) é feita por hora dispendida ou por porcentagem sobre o valor da obra.
Na engenharia de projeto há uma forma específica de serviço que é chamada de *cost plus fee* que não deixa de ser um tipo de contrato de administração. Nesse contrato, o cliente paga pelas horas gastas pelo pessoal técnico (engenheiro, projetista, desenhista etc.).
Para saber o preço de venda da hora de cada profissional, é usada a fórmula:

Preço de venda da hora trabalhada de 1 homem

$$\text{hora} = \frac{\text{salário} \cdot 12 \cdot K_1 \cdot K_2}{2.000}$$

Onde:
Salário – é o salário mensal de carteira de cada profissional
12 – número de meses do ano
K_1 – coeficiente de leis sociais (algo como 1,9)
K_2 – despesas de administração e lucro (algo como 1,5)
2.000 – número de horas trabalháveis por ano (variável de empresa para empresa)

---
* Tentar ele vai.

4. *Contrato por preços unitários*

Usa-se esse tipo de contrato quando se conhecem os tipos de trabalho a serem executados, mas não se tem certeza da quantidade de cada trabalho. Assim o contrato fixa a remuneração (preço unitário) de cada trabalho. Para se obter o que pagar, multiplica-se o preço unitário pela medição do trabalho efetivamente feito. Obras de estradas usam muito esse tipo de contrato.

1.4.2. Vantagens e desvantagens de cada tipo de contratação

1. *Empreitada de valor global*

Se a obra tiver perfeita descrição do que fazer e uma especificação adequada de materiais a serem utilizados, a contratação por empreitada global é atraente pois em teoria, não se discutirá mais preços.

O perigo é o contratado não caprichar nos serviços e colocar material de menor qualidade do que o previsto. Para evitar isso, exige-se fiscalização e especificações detalhadas de serviços e materiais.

2. *Administração*

Como o empreiteiro é contratado por administração, ele não tem responsabilidade contratual sobre o custo da obra. Não há incentivos maiores (só os morais) para conter desperdícios de mão de obra e materiais.

A vantagem do sistema de administração é a sua flexibilidade. Modificações de projeto não criam problemas, pois o preço não está fixo.

1.4.3. Contratos

Toda a contratação de um serviço (projeto, obra) deve ter um texto escrito que ordene e esclareça os assuntos.

São partes do contrato:

- *Descrição dos participantes*: nome, endereço, registros profissionais, títulos etc. Nesse item apresenta-se o contratante (dono) e o contratado (o que vai fazer a obra).
- *Objeto*: descreve-se o objetivo da contratação.
- *Descrição dos trabalhos*: descrevem-se os trabalhos a serem executados pelo contratado. Se esses trabalhos exigem longo enunciado, que possam quebrar uma leitura rápida do contrato, é usual criar um anexo que lista em pormenores esses trabalhos.
- *Prazos*: definem-se os prazos inicial e final dos trabalhos e prazos parciais (cronograma), são estabelecidos critérios que definem a data de início destes trabalhos e descritos os eventos (chuvas, por exemplo) que poderão adiar prazos.

- *Obrigações*: além da descrição dos trabalhos, é usual registrarem-se obrigações adicionais das partes. Por exemplo, o contratado é obrigado a seguir normas específicas de segurança, e o contratante é obrigado a ceder água para a obra.
- *Remuneração e forma de pagamento*: define o que se pagará. Nesse item pode entrar a cláusula de reajuste de preços e também, a cláusula de retenção de parte de pagamento (caução) para formar um valor de seguro para o dono da obra, caso haja problemas futuros. Definem-se também os prazos de pagamento.
- *Multas e cessação de trabalhos*: nesse item estabelecem-se multas por atraso e outras discrepâncias em relação ao previsto e enumeram-se as cláusulas pelas quais o dono da obra pode suspender o contrato.
- Valor do contrato: é um valor de referência do vulto dos trabalhos.
- *Foro*: o contrato prevê, caso haja pendências, qual será o Foro (tribunal) em que a demanda judicial deverá correr.
- *Data, assinaturas e testemunhas.*

Observação sobre contratos

Quando fizer um contrato considere que há dois caminhos para a sua elaboração:

- Contrato tão leonino a seu favor que, se der bolo, você ganhará na justiça tranquilamente. Será que ganha mesmo?
- Contrato bem feito e com cláusulas razoáveis e justas de modo que provavelmente você e seu contratado nunca irão para a justiça.

Escolha qual contrato você proporá ao seu contratado.

Embora, na prática, não seja rotineiro no Brasil, o Código Civil prevê que questões entre partes poderão ser resolvidas entre árbitros escolhidos pelos mesmos. Pense nisso. É mais prático do que recorrer à justiça. Normalmente o contrato pode prever essa cláusula de arbitramento. Em contratos ligados à engenharia e arquitetura, o árbitro pode ser indicado pela Associação de Engenheiros e Arquitetos da Cidade. Leia também a Lei Federal n. 9.307/96.

1.5. Médias da estatística, para entender mesmo!!!

Quando se tem uma massa de dados, é extremamente útil e prático associar a esta alguns números de mais fácil manuseio. Assim, se eu comprei um lote de 230 sacos de cal, pouco me importa saber o peso de cada um desses sacos. Importa saber se na média esses sacos vieram com a capacidade especificada. Se eu comprei sacos de 50 kg em média, e se alguns sacos têm 50,4 kg tudo bem, mesmo que alguns sacos tenham 49,3 kg ou até menos.

Existem várias médias: aritmética, ponderada, geométrica, e outras medidas, primas da média que são a moda e a mediana; estas são chamadas medidas de posição. Qual delas usar?

Para cada problema, para cada caso, há uma média que melhor reflete o universo, *em relação ao que eu quero saber do universo.*

Assim, se eu comprar três perfumes franceses para dar a três mulheres, não me interessa saber se, pela média aritmética, eles são bons[*]. Os critérios a serem usados serão outros. Passemos a explicar cada média e as situações em que são aplicáveis. Depois contamos jocosamente o caso dos dois barbeiros.

1.5.1. Média aritmética

Somam-se todos os valores e divide-se pelo total dos valores.

$$MA = \frac{X_1 + X_2 + \ldots + X_n}{n}$$

Exemplo
Qual a média aritmética de uma partida de 5 sacos de cal com pesos de 49,1 kg, 49,4 kg, 49,9 kg, 50,8 kg e 51,3 kg?

$$MA = \frac{49,1 + 49,4 + 49,9 + 50,8 + 51,3}{5} = 50,1 \text{ kg}$$

Usamos a média aritmética quando a deficiência (característica) de um elemento pode ser suprida por uma qualidade de outro elemento.

1.5.2. Média geométrica

É a raiz enézima do produto de n valores.

$$MG = \sqrt[n]{X_1 \cdot X_2 \ldots X_n}$$

Exemplo
Dois candidatos fizeram exame vestibular de arquitetura.
Suas notas foram:

Matéria	Aluno A	Aluno B
Desenho	3	7
Português	4	5
Física	10	6
Matemática	10	7

---
[*] Os três tem que ser bons, lógico...

$$MG(A) = \sqrt[4]{3 \cdot 4 \cdot 10 \cdot 10} = 5,88$$
$$MG(B) = \sqrt[4]{7 \cdot 5 \cdot 6 \cdot 7} = 6,19$$

Pela média geométrica, o melhor (ou mais adequado) é o aluno B, o que parece justo.

Se tivéssemos tirado a média aritmética teríamos escolhido o aluno A, pois:

$$MA(A) = \frac{3 + 4 + 10 + 10}{4} = 6,75$$

$$MA(B) = \frac{7 + 5 + 6 + 7}{4} = 6,25$$

Por que devemos optar pela média geométrica e escolher o candidato B? É que a excelência em física e matemática não supre a deficiência em desenho e português. Afinal, para que serve um arquiteto que não desenha?

1.5.3. Média aritmética ponderada

Quando analisamos vários valores de um conjunto de amostras e esses valores não têm importância igual, usamos a média aritmética ponderada.

Assim, poderíamos no caso anterior dos dois candidatos ao exame vestibular de arquitetura, associar a cada exame, pesos. Assim o resultado do exame de desenho teria peso 3; física, peso 2 e português e matemática, peso 1.

A média ponderada (que é uma evolução da média aritmética) seria:

$$MP = \frac{p_1\, x_1 + p_2\, x_2 + \ldots + p_n\, x_n}{(p_1 + p_2 + \ldots + p_n)}$$

onde p é peso e x o valor dos atributos.

Aplicando-se a MP no caso dos dois candidatos teríamos:

$$MP(A) = \frac{3 \times 3 + 1 \times 4 + 2 \times 10 + 1 \times 10}{(3 + 1 + 2 + 1)} = 6,14$$

$$MP(B) = \frac{3 \times 7 + 1 \times 5 + 2 \times 6 + 1 \times 7}{(3 + 1 + 2 + 1)} = 6,42$$

Resultou o aluno B (como na média geométrica).

A vantagem da média ponderada é que o usuário escolhe os pesos que, em sua opinião, melhor caracterizam as várias qualidades. Na verdade, a média aritmética (simples) é uma média ponderada onde todos os pesos são iguais a um.

1.5.4. Moda

Ao se ter um universo para análise, classificam-se os valores das amostras em faixas de valor. A moda será o valor mais frequente. Assim, se analisarmos durante um mês os tamanhos de camisas vendidas em uma loja teremos:

Tamanho	Quantidades vendidas
1	30
2	43
3	40
4	47
5	14
6	5
Total	179

A moda é o tamanho n. 4 (o mais vendido).

Leia agora minha crônica publicada na *Revista Engenharia* n. 437 e você terá mais elementos para saber desses assuntos (como escolher a média a usar).

AS MÉDIAS NUNCA EXPLICADAS
O CASO DOS DOIS BARBEIROS – MÉDIA GEOMÉTRICA

(e outras medidas de posição)
Eng. Manoel Henrique Campos Botelho

Nunca fui de entender facilmente as coisas, mas sempre houve coisas que não entendi nunca. Para mim, entender é algo bem mais complexo e exigente do que saber calcular. Mas o que nunca entendi na matéria de estatística de meu curso de engenharia foi a questão das médias: média aritmética, média geométrica, mediana e moda.

Calculá-las eu sabia, mas como usá-las, quando usá-las, e principalmente por que usar uma e não as outras, eu nunca soube.

Um dia, já formado, num churrasco de engenheiros, perguntei a um dos professores dessa matéria se ele conhecia um caso real, simples, prático de uso de média geométrica. O dito cujo falou que era fácil, bastava se estar diante de casos de qualidades multiplicativas. Continuei decididamente sem entender o que era média geométrica. Eis que um dia tive que fazer uma inspeção em uma cidade do interior. Como tinha tempo livre decidi fazer uma coisa que nunca tinha feito na minha vida. Fazer a barba em um barbeiro. Na cidade havia só dois barbeiros e indaguei qual era o melhor. No hotel me informaram. O barbeiro A era asseado, barateiro, bem educado, rápido, só que é nervoso, costumando, de ano em ano cortar o pescoço de um dos seus clientes. Não sempre, é claro, só de ano em ano. O barbeiro B, ao contrário era sujo, careiro, mal educado e lento, mas como compensação não tem baixas no seu longo curriculum. Tudo indicava que eu devia ir para o barbeiro B mas como sou engenheiro, decidi submetê-los à prova das médias. Saquei minha indefectível HP 108 (trinta passos, dez memórias flutuantes e que calcula até arco de tangente hiperbólico) e apliquei notas aos vários desempenhos de cada um dos dois barbeiros. Pela média aritmética indicava o A, mas algo, algo sutil, dizia-me que era o B o mais indicado. Só a média geométrica o recomendava, já que atribui (discricionariamente é verdade) nota zero ao evento "morte" por degolamento. Optei, orientado pela média geométrica, pelo barbeiro B.

Até que cheguei à conclusão. A média geométrica é a média que procura estigmatizar eventos indesejáveis e que não sejam obrigatórios de ocorrer. Um colega meu precisava escolher uma secretária e, segundo atributos igualmente necessários e imprescindíveis, apresentação, datilografia e redação, recebeu minha consultoria para usar a média geométrica como a mais indicada para balancear sua escolha. Usou e gostou (da média é claro). Fiquei empolgado com a média geométrica e saí a recomendá-la a torto e direito.

Um outro amigo, sabedor da minha propaganda dessa média, precisava fazer delicadíssima operação do coração e aplicou-a na escolha entre dois cirurgiões cardíacos, dando nota dez a seus pacientes operados com mais de 5 anos de sobrevida, nota 7 a pacientes operados com mais de 2 anos de sobrevida e nota zero a pacientes mortos na mesa de operação. Aplicada aos dois cirurgiões a média geométrica, meu amigo decidiu não fazer a operação. O erro foi dele. Sem dúvida que a morte cirúrgica de pacientes era indesejável mas é um evento que ocorre com alguma frequência nesse tipo de cirurgia delicadíssima. Revisto o conceito, meu amigo aplicou a média aritmética, escolheu o cirurgião e está agora só esperando coragem para testar, na prática, essa média.

Resolvida a questão da compreensão da média geométrica (quando usá-la e não usá-la) fiquei a matutar a questão do uso da medida de posição moda. Voltei a consultar o professor de estatística e ele respondeu-me que a moda é o evento que mais ocorre, não havendo critérios maiores para seu uso. Não entendi, até que saindo de uma obra de construção de um prédio durante o dia de pagamento dos peões vi os arredores da construção do prédio cercados de vendedores ambulantes de tudo, doces, camisas de seda, revistas pornográficas e sapatos. Ocorreu-me uma dúvida. Como o vendedor de sapato podia escolher os tamanhos de sapatos que devia trazer no seu minúsculo estoque dentro da perua Kombi que era a sua loja e depósito ambulante? O vendedor (nortista sabido) respondeu-me filosoficamente: "Doutor, eu não posso brincar em serviço, como meu estoque ambulante é pequeno, só trago o número 39 que é o mais comum. Quem tiver pé com número maior ou menor não compra comigo. Mas a maioria tem pé 39." Eureka!

O sabido, sem saber, usara com maestria a moda. Afinal, além de descobrir o uso da moda descobri porque nos shopping centers nunca tem o meu número de sapato (43); é pouco comum e o aluguel de box de shopping é caro demais para estocar números pouco procurados.

1.6. Rudimentos de estatística — A distribuição normal — O sino de Gauss

Quando analisamos uma massa de informações numéricas (medidas) de um fenômeno, é extremamente útil saber a lei que interpreta essa variação de resultados. A Estatística analisa a medida das consequências e não as causas do fenômeno. Assim, se medirmos as vazões de um rio em um determinado mês, teremos uma série histórica de vazões, por exemplo, 30, 40 anos. Poderemos ter, então, uma enorme massa de informações. Como tirar dessa massa de informações alguns números significativos para podermos facilmente fazer previsões e estimativas de ocorrências futuras?

Quando temos um fenômeno que depende da interação de muitos outros fenômenos independentes (variáveis aleatórias), estamos muito possivelmente nos aproximando de uma distribuição de probabilidade denominada normal ou de Gauss. São exemplos desse tipo de distribuição de probabilidade:

- vazões médias de um rio em um determinado mês
- medidas biométricas (do corpo humano)
- resistência de um material (por exemplo, aço, concreto)

Tomemos um dos exemplos: resistência de peças de concreto. Essa resistência depende da interação de uma série de fatores (variáveis aleatórias) totalmente independentes umas das outras, ou seja:

- qualidade do cimento
- qualidade da água de mistura
- quantidade do cimento usado
- quantidade de água
- característica da mistura entre os ingredientes
- condições de cura
- tipo de pedra
- qualidade da areia etc.

Quanto mais variáveis aleatórias influírem no resultado da medida do fenômeno, mais, em geral, nos aproximamos de uma Distribuição Normal ou de Gauss.

A Distribuição Normal (ou de Gauss) é totalmente definida por duas características, que são:

- a média do conjunto

$$m = \frac{S \, X_i}{m} \quad \text{(é a média aritmética)}$$

Generalidades

- o desvio padrão do conjunto

$$s = \sqrt{\frac{S\ (X_i - m)^2}{m}}$$

Observação

- m – número de elementos do conjunto.
  O desvio padrão mede a dispersão, o espalhamento dos valores em relação ao valor médio.

Com base no estudo de Gauss, com esses dois parâmetros, pode-se estimar para todo o conjunto, a probabilidade de ocorrência de qualquer resultado (Tabela 1.6.1). Para se estudar a variação possível de resistência de corpos de prova de uma peça de concreto, teríamos que saber de todas as medidas dos elementos desse conjunto, o que, convenhamos, nem sempre é possível (ou não é prático). A única saída é trabalharmos com medidas de amostra desse conjunto, ou seja, com dados de parte da verdade.

Quanto mais amostras tivermos, mais os seus dados se aproximarão dos dados do conjunto.

Há critérios e estudos que fixam quantos dados de amostra de um universo são suficientes para que, a partir dos dados da amostra, se possa estimar os dados do universo.

Há, no entanto, números mágicos mínimos. Um número mágico é 30, ou seja, a partir de uma amostra com mais de 30 exemplares[*], aleatoriamente escolhidos dentre o conjunto, podemos associar a média da amostra e o desvio padrão da amostra, como a média do conjunto e o desvio padrão do conjunto. Ao se tomar essa providência estaremos admitindo que os parâmetros de distribuição do conjunto serão iguais aos parâmetros de distribuição da amostra.

Para efeito de conclusão e ênfase, se trabalharmos com 152 dados de vazão média mensal de um rio podemos admitir com certa precisão que a média desses valores de vazão seja a média dos valores do conjunto (valores futuros e passados de vazão média mensal que passaram e passarão pelo rio), e que o desvio padrão da amostra seja o desvio do conjunto.

A média do conjunto é o número:

$$m = \frac{S\ X_i}{m}$$

onde m é o número de elementos do universo.

---

[*] A razão da adoção do número 30 tem razões somente históricas. Dependendo da confiança desejável, esse número pode variar. O compositor Caetano Veloso alerta em uma sua música, ao contrário, para "não se crer em homem de mais de 30 anos ou com mais de 30 dinheiros".

Tomaremos como estimativa de μ a média da amostra ($\bar{X}$)

$$\bar{X} = m = \frac{S\,X_i}{n}$$

onde n é o número de exemplares de amostra, sendo $n > 30$.

O desvio padrão do conjunto é:

$$s = \sqrt{\frac{S\,(X_i - X)^2}{m}}$$

Tomaremos como estimativa de σ o desvio padrão da amostra. Por razões teóricas que não cabe aqui discutir, o desvio padrão da amostra é calculado com a mesma fórmula de σ, só que o denominador da expressão é diminuído da unidade.

Logo o desvio padrão da amostra será:

$$S = \sqrt{\frac{S\,(X_i - \bar{X})^2}{n-1}}$$

onde:

n: número de elementos da amostra;

$\bar{X}$: média da amostra.

O quadro a seguir ilustra o exposto:

A Distribuição dos eventos é normal(Gauss)? Poderei dizer sim se cada evento for resultado da ação independente de muitos outros fatores	
Conjunto com muitos exemplares (m)	Hipótese (amostra com mais de 30 exemplares) Então associamos ($n > 30$)
$m = \dfrac{S\,X_i}{m}$ $\quad s = \sqrt{\dfrac{S\,(X_i - m)^2}{m}}$	$m = \bar{X} = \dfrac{S\,X_i}{n}$ $\quad s = S = \sqrt{\dfrac{S\,(X_i - \bar{X})^2}{n-1}}$

Para entendermos bem a probabilidade da ocorrência de vários eventos, apresentamos a curva de Gauss (sino de Gauss) para um caso específico:

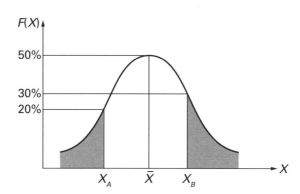

Entendamos essa curva para as várias possibilidades:
1. Qual a probabilidade de ocorrer um evento menor ou igual a X_A?
   A curva nos mostra nesse caso, que a probabilidade de ocorrer eventos menores ou iguais a X_A é 20%. Logo, a probabilidade de ele ser maior que X_A é de 100 – 20 = 80%.
2. Qual a probabilidade de ocorrer um evento maior que X_B?
   A curva nos diz que a probabilidade de ocorrer um evento maior que X_B é de 30%. Logo, a probabilidade do evento ser menor que X_B é 100 – 30 = 70%.
3. E agora, qual a probabilidade de um evento ser menor que $\bar{X}$?
   É 50%.
4. E qual a probabilidade de um evento ser maior que $\bar{X}$?
   É 50%.
5. Existem infinitos tipos de curvas de Gauss, curvas que podem ser traçadas apenas conhecendo-se a média e o desvio padrão de cada conjunto.

   Veja:

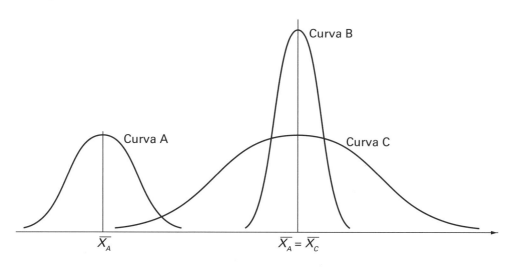

Generalidades

As curvas B e C têm a mesma média, mas a curva B tem baixa dispersão de resultados em torno da média (pequeno desvio padrão). A curva C tem alta dispersão de resultados (alto desvio padrão).

Cada caso tem a sua curva (a sua média, o seu desvio padrão).

6. Como conhecer a curva em cada caso?

A Tabela 1.6.1 faz isso, desde que se conheça a média e o desvio padrão (μ, σ). Destaque-se que a curva de Gauss é simétrica em relação ao eixo que passa pela média

A tabela a seguir, dá o valor do módulo:

$$|F(X) - F(\mu)|$$

em função da entrada:

$$\left|\frac{X-m}{s}\right|$$

1.º Exercício

Dos estudos de vazão do Rio Timbó, em um ponto de medida, obtivemos os seguintes valores das vazões médias mensais que ocorreram no mês de novembro*:

Ano/Vazão média mensal (novembro) (m^3/s)

Ano	Vazão	Ano	Vazão	Ano	Vazão	Ano	Vazão
1942	62	1952	31	1962	82	1972	71
1943	74	1953	64	1963	83	1973	62
1944	29	1954	66	1964	51	1974	52
1945	37	1955	53	1965	55	1975	(*)
1946	54	1956	32	1966	59	1976	52
1947	48	1957	41	1967	63		
1948	46	1958	69	1968	43		
1949	63	1959	74	1969	53		
1950	75	1960	80	1970	53		
1951	77	1961	91	1971	77		

(*) Perdeu-se a medida desse ano. A enchente levou a régua de medida.
Total: 34 dados.

Admitindo-se serem vazões mensais já ocorridas e a ocorrerem em um ponto de um rio, passíveis de serem adequadamente analisadas e inter-

---
* Nesse caso, foi fixado novembro. Poderia ser qualquer outro mês.

pretadas pela Distribuição Normal (Gauss) e tendo-se mais de 30 dados, calculemos a média e o desvio padrão dessa amostra.

$$\text{(Média)}\ \bar{X} = \frac{S\ X_i}{n} = \frac{62 + 74 + \ldots + 52 + 52}{34} = \frac{2.022}{34} = 59,5 \simeq 60 \ \text{m}^3/\text{s}$$

Logo, a média da amostra é aproximadamente 60 m³/s.
Calculemos, agora, o desvio padrão da amostra:

$$S = \sqrt{\frac{(X_i - \bar{X})^2}{n-1}} = \sqrt{\frac{(62-60)^2 + (74-60)^2 + \ldots + (52-60)^2 + (52-60)^2}{34-1}}$$

$$S = 16 \ \text{m}^3/\text{s}$$

Tendo-se $\bar{X}$ = 60 m³/s e S = 16 m³/s associamos como média do conjunto a média de amostra, e como desvio padrão do conjunto o desvio padrão da amostra. Logo:

- $\bar{X} = \mu = 60 \ \text{m}^3/\text{s}$
- $S = \sigma = 16 \ \text{m}^3/\text{s}$

Mas dissemos que se estamos na Distribuição de Gauss, basta conhecer a média e o desvio do conjunto para se conhecer todas as características desse conjunto. Para isso, usaremos a tabela 1.6.1 que permite esse cálculo. A tabela mostra a probabilidade de uma ocorrência $F(X)$ em função da média $F(\mu)$ e do desvio padrão. O dado de entrada é:

$$\left| \frac{(X - m)}{s} \right|$$

2.º Exercício

Para o rio Timbó, qual a probabilidade de ocorrência de uma vazão média mensal em novembro maior que 100 m³/s? Vamos admitir que a distribuição de vazões médias mensais (em novembro) desse rio siga a Distribuição de Gauss (Normal).
Já conhecemos a média das amostras de vazões médias mensais de 34 dados e que deu 60 m³/s. Também conhecemos o desvio padrão da amostra que deu 16 m³/s.
Como o número de amostras é superior a 30 (34 amostras) podemos admitir que a média das inúmeras vazões médias mensais do mês de novembro do rio (desde o início dos tempos até o Apocalipse) seja igual à média

da amostra e idem para o desvio padrão.
Logo:

- $\bar{X} = \mu = 60 \text{ m}^3/\text{s}$
- $S = \sigma = 16 \text{ m}^3/\text{s}$

Só com esses dois dados dá para construir a curva de Distribuição Normal.

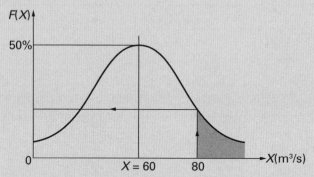

O dado de entrada para o cálculo de probabilidade de outras ocorrências como, por exemplo, vazão de 100 m³/s, é

$$\left| \frac{(X - m)}{s} \right|$$

e a Tabela 1.6.1 mostra tudo. X é o valor em estudo ($X = 100$ m³/s).

$$\frac{X - m}{s} = \frac{100 - 60}{16} = 2,5$$

Entrando com $\dfrac{X - m}{s} = 2,5$ na tabela 1.6.1 tira-se:

$F(X) - F(\mu) = 0,4938$
$F(X) = 0,4938 + F(\mu) = 0,4938 + 0,5 = 0,9938 \cong 99\%$

Temos, então, 99% de probabilidade da vazão média mensal em novembro no rio Timbó ser inferior a 100 m³/s e 1% de ser maior. Logo, essa vazão será maior que 100 m³/s, cerca de 1 vez em cada 100 anos.

3.º Exercício

Para se projetar uma obra de desvio no rio Timbó, deseja-se conhecer a maior vazão média mensal que ocorre 1 vez em cada 10 anos (90% de certeza). Qual a estimativa dessa vazão? Admite-se que novembro é o mês crítico.

$F(X) = 0,9$ e $F(\mu) = 0,5 \therefore F(X) - F(\mu) = 0,4$

da Tabela 1.6.1 tem-se:

$$\frac{X - m}{s} = \frac{X - 60}{s} = 1,28$$

$X = 1,28 \cdot \sigma + \mu = (1,28 \cdot 16) + 60 = 80,4 \cong 80 \text{ m}^3/\text{s}$

Logo, a nossa estimativa é que ocorrem uma vez a cada dez anos, vazões superiores a 80 m³/s no mês de novembro.

4.º Exercício

Um tipo de madeira apresenta valores de resistência à compressão obedecendo a Distribuição de Gauss. Depois de analisados os resultados de laboratório do rompimento de 200 corpos de prova, a média desses resultados deu 495 kg/cm² e o desvio padrão deu 100 kg/cm². Qual a probabilidade de um corpo de prova apresentar resistências inferiores aos valores 350, 300 kg/cm²?

Preliminares:
- Estamos na Distribuição Normal.
- Como temos 200 resultados (muito maior que o número mágico 30), podemos aceitar tranquilamente:

$\mu = 495 \text{ kg/cm}^2$
$S = \sigma = 100 \text{ kg/cm}^2$

1.º Caso
   $X = 350 \text{ kg/cm}^2$

$$\frac{X - m}{s} = \frac{350 - 495}{100} = 1,45$$

Só interessa o módulo do valor.

Com o valor 1,45 entramos na Tabela 1.6.1 e temos o valor 0,4265. Logo:

$F(X) - F(\mu) = 0,4265$
$F(X) = 0,4265 + 0,5 = 0,9265 = 92,65\%$

Logo, a probabilidade de ocorrer um corpo com resistências inferiores a 350 kg/cm² é de 7,35%, ou seja, somente 7 corpos de prova em cada 100 romperão provavelmente com valor inferior ao de 350 kg/cm².

2.º Caso
$X = 300$ kg/cm²

$$\frac{X-m}{s} = \frac{300-495}{100} = -\frac{195}{100} = -1,95$$

Pegaremos o módulo = 1,95 da Tabela 1.6.1 e teremos o valor 0,4744.

$F(X) - F(\mu) = 0,4744$
$F(X) = 0,4744 + 0,5 = 0,9744 = 97,44\%$

Logo, a probabilidade de ocorrência de corpos de prova com resistência inferior a 300 kg/cm², é de 2,56%.

5.º Exercício

Duas madeiras A e B, depois de analisados centenas de corpos de prova, tiveram suas médias de resultados iguais a:

A $\bar{X} = 320$ kg/cm² $S = 83$ kg/cm²
B $\bar{X} = 320$ kg/cm² $S = 43$ kg/cm²

Como interpretar esses resultados?
As duas madeiras tem os mesmos resultados à média, mas valores bem diferentes quanto ao desvio padrão. A madeira A tem grande dispersão de resultados e a madeira B tem menos dispersão.
Como, em estudo de uso estrutural da madeira, interessa saber valores mínimos de resistência, a madeira B é a melhor do ponto de vista estrutural.

Manual de Primeiros Socorros do Engenheiro e do Arquiteto
Generalidades

Tabela 1.6.1 Valores de $F(X) - F(\mu)$ na Distribuição Normal

$\dfrac{x-\mu}{\sigma}$	0,00	0,01	0,02	0,03	0,04	0,05	0,06	0,07	0,08	0,09
0,0	0,0000	0,0040	0,0080	0,0120	0,0160	0,0199	0,0239	0,0279	0,0319	0,0359
0,1	0,0398	0,0438	0,0478	0,0518	0,0557	0,0596	0,0636	0,0675	0,0714	0,0753
0,2	0,0793	0,0832	0,0871	0,0910	0,0948	0,0987	0,1026	0,1064	0,1103	0,1141
0,3	0,1179	0,1217	0,1254	0,1293	0,01331	0,1368	0,1406	0,1443	0,1480	0,1517
0,4	0,1554	0,1591	0,1628	0,1664	0,1700	0,1736	0,1772	0,1808	0,1844	0,1879
0,5	0,1915	0,1950	0,1985	0,2019	0,2054	0,2088	0,2123	0,2157	0,2190	0,2224
0,6	0,2257	0,2291	0,2324	0,2357	0,2389	0,2422	0,2454	0,2486	0,2518	0,2549
0,7	0,2580	0,2612	0,2642	0,2673	0,2704	0,2734	0,2764	0,2794	0,2823	0,2852
0,8	0,2881	0,2910	0,2939	0,2967	0,2995	0,3023	0,3051	0,3078	0,3106	0,3133
0,9	0,3159	0,3186	0,3212	0,3238	0,3264	0,3289	0,3315	0,3340	0,3365	0,3389
1,0	0,3413	0,3438	0,3461	0,3485	0,3508	0,3531	0,3554	0,3577	0,3599	0,3622
1,1	0,3643	0,3665	0,3686	0,3718	0,3729	0,3749	0,3770	0,3790	0,3810	0,3830
1,2	0,3849	0,3869	0,3888	0,3907	0,3925	0,3944	0,3962	0,3980	0,3997	0,4015
1,3	0,4032	0,4049	0,4066	0,4083	0,4099	0,4115	0,4131	0,4147	0,4163	0,4177
1,4	0,4192	0,4207	0,4222	0,4236	0,4251	0,4265	0,4280	0,4292	0,4306	0,4319
1,5	0,4332	0,4345	0,4357	0,4370	0,4382	0,4394	0,4406	0,4418	0,4430	0,4441
1,6	0,4452	0,4463	0,4475	0,4485	0,4495	0,4505	0,4515	0,4525	0,4535	0,4545
1,7	0,4554	0,4564	0,4573	0,4582	0,4591	0,4599	0,4608	0,4616	0,4625	0,4633
1,8	0,4641	0,4649	0,4656	0,4664	0,4671	0,4678	0,4686	0,4693	0,4699	0,4706
1,9	0,4713	0,4719	0,4725	0,4732	0,4738	0,4744	0,4750	0,4757	0,4762	0,4767
2,0	0,4473	0,4778	0,4783	0,4788	0,4793	0,4798	0,4803	0,4808	0,4812	0,4817
2,1	0,4821	0,4826	0,4830	0,4834	0,4838	0,4842	0,4846	0,4850	0,4854	0,4857
2,2	0,4861	0,4865	0,4868	0,4871	0,4874	0,4878	0,4881	0,4884	0,4887	0,4890
2,3	0,4893	0,4896	0,4899	0,4901	0,4904	0,4906	0,4909	0,4911	0,4913	0,4915
2,4	0,4918	0,4920	0,4922	0,4925	0,4927	0,4929	0,4931	0,4932	0,4934	0,4936
2,5	0,4938	0,4940	0,4941	0,4943	0,4945	0,4947	0,4948	0,4949	0,4951	0,4952
2,6	0,4953	0,4955	0,4956	0,4957	0,4969	0,4960	0,4961	0,4962	0,4963	0,4964
2,7	0,4965	0,4966	0,4967	0,4968	0,4969	0,4970	0,4971	0,4972	0,4973	0,4974
2,8	0,4974	0,4975	0,4976	0,4977	0,4978	0,4978	0,4979	0,4980	0,4980	0,4981
2,9	0,4981	0,4982	0,4983	0,4984	0,4984	0,4984	0,4985	0,4986	0,4986	0,4986
3,0	0,4986	0,4987	0,4987	0,4988	0,4988	0,4988	0,4989	0,4989	0,4989	0,4990
3,1	0,4990	0,4991	0,4991	0,4991	0,4991	0,4992	0,4992	0,4992	0,4993	0,4993
3,2	0,4993									
3,3	0,4995									
3,4	0,4996									
3,5	0,4997									
3,6	0,4998									
3,7	0,4998									
3,8	0,4999									
3,9	0,4999									
4,0	0,4999									

Ilustração

Para se sentir a importância das probabilidades associadas a ocorrência de eventos, apresentam-se probabilidades usadas para projetar obras hidráulicas.

- *Galeria de águas pluviais* – usam-se chuvas máximas que ocorrem uma vez a cada 5 anos (20%), ou seja, há alguma probabilidade de que ocorram essas chuvas, mas esse evento pode ocorrer sem maiores danos sociais, a não ser inundar a rua e com pequena consequência econômica.
- *Extravasor de barragem de concreto de pequeno porte* – usa-se uma vazão máxima que pode ocorrer uma vez a cada 50 anos (2%). Como as consequências dessa ocorrência são de maior dano do que o caso anterior (galeria pluvial), procura-se ter menos risco (2%).
- *Extravasor de barragem de terra de grande porte* – ao se projetar esse extravasor deve-se ter muito cuidado, pois se ocorrer uma vazão maior do que a prevista, e para a qual o extravasor não está dimensionado, essa vazão pode derrubar a barragem formando uma onda de enchente que leva tudo rio abaixo. Usa-se, então, um tempo de ocorrência de 1.000 anos (0,1%) ou mais.

Referências Bibliográficas

LEME, Ruy Aguiar da Silva. *Curso de estatística: elementos*. São Paulo: Ao Livro Técnico.
COSTA NETO, Pedro Luiz de Oliveira. *Estatística*. São Paulo: Blucher.

1.7. Principais itens das leis de regulamentação da profissão de engenheiro e arquiteto

Vamos dar aqui trechos das principais leis e resoluções que regulam nossa profissão.

Lei n. 5.194 de 24/12/1966

Regula o exercício das profissões de Engenheiro, Arquiteto[*] e Engenheiro Agrônomo e dá outras providências.

O PRESIDENTE DA REPÚBLICA

Faço saber que o Congresso Nacional decreta e eu sanciono a seguinte lei: O Congresso Nacional decreta:

TÍTULO I

Do exercício Profissional da Engenharia, da Arquitetura e da Agronomia.

CAPÍTULO I – Das Atividades Profissionais

SEÇÃO I – Caracterização e Exercício das Profissões

ARTIGO 1.º – As profissões de Engenheiro, Arquiteto e Engenheiro Agrônomo são caracterizadas pelas realizações de interesse social e humano que importem na realização dos seguintes empreendimentos:
a. aproveitamento e utilização de recursos naturais;
b. meios de locomoção e comunicações;
c. edificações, serviços e equipamentos urbanos, rurais e regionais, nos seus aspectos técnicos e artísticos;
d. instalações e meios de acesso à costa, cursos e massas de água e extensões terrestres;
e. desenvolvimento industrial e agropecuário.

ARTIGO 2.º – O exercício, no país, da profissão de engenheiro, arquiteto ou engenheiro agrônomo, observadas as condições de capacidade e demais exigências legais é assegurado:
a. aos que possuam, devidamente registrado, diploma de faculdade ou escola superior de engenharia, arquitetura ou agronomia, oficiais ou reconhecidas, existentes no país;
b. aos que possuam, devidamente revalidado e registrado no país, diploma de faculdade ou escola estrangeira de ensino superior de engenharia, arquitetura ou agronomia, bem como os que tenham exercício amparado por convênios internacionais de intercâmbio;

---

[*] Nos primeiros anos do século XXI a profissão de arquiteto tornou-se independente na sua ação da profissão de engenheiro civil.

c. aos estrangeiros contratados que, a critério dos Conselhos Federal e Regionais de Engenharia, Arquitetura e Agronomia, considerada a escassez de profissionais de determinada especialidade e o interesse nacional, tenham seus títulos registrados temporariamente.

Parágrafo único: O exercício das atividades de engenheiro, arquiteto e engenheiro agrônomo é garantido, obedecidos os limites das respectivas licenças e excluídas as expedidas, a título precário, até a publicação desta lei, aos que, nesta data, estejam registrados nos Conselhos Regionais.

SEÇÃO II – Do Uso do Título Profissional

ARTIGO 3.º — São reservadas exclusivamente aos profissionais referidos nesta lei as denominações de engenheiro, arquiteto ou engenheiro agrônomo, acrescidas, obrigatoriamente, das características de sua formação básica.

Parágrafo único: As qualificações de que trata este artigo poderão ser acompanhadas de designação outras referentes a cursos de especialização, aperfeiçoamento e pós-graduação.

ARTIGO 4.º – As qualificações de engenheiro, arquiteto ou engenheiro agrônomo só podem ser acrescidas à denominação de pessoa jurídica composta exclusivamente de profissionais que possuam tais títulos.

ARTIGO 5.º – Só poderá ter em sua denominação as palavras engenharia, arquitetura ou agronomia a empresa comercial ou industrial cuja diretoria for composta, em sua maioria, de profissionais registrados nos Conselhos Regionais.

SEÇÃO III – Do Exercício Ilegal da Profissão

ARTIGO 6.º – Exerce ilegalmente a profissão de engenheiro, arquiteto ou engenheiro agrônomo:
a. a pessoa física ou jurídica que realizar atos ou prestar serviços públicos ou privados reservados aos profissionais de que trata esta lei e que não possua registro nos Conselhos Regionais;
b. o profissional que se incumbir de atividades estranhas às atribuições discriminadas em seu registro;
c. o profissional que emprestar seu nome a pessoas, empresas, organizações ou empresas executoras de obras e serviços sem sua real participação nos trabalhos delas;
d. o profissional que, suspenso de seu exercício, continue em atividade;
e. a empresa, organização ou sociedade que, na qualidade de pessoa jurídica, exercer atribuições reservadas aos profissionais da engenharia, da arquitetura e da agronomia, com infringência do disposto no parágrafo único do art. 8.º desta lei.

SEÇÃO IV – Atribuições Profissionais e Coordenação de suas Atividades

ARTIGO 7.º – As atividades e atribuições profissionais do engenheiro, do arquiteto e do engenheiro agrônomo consistem em:
a. desempenho de cargos, funções e comissões em entidades estatais, paraestatais, autárquicas de economia mista e privadas;
b. planejamento ou projeto, em geral de regiões, zonas, cidades, obras, estruturas, transportes, explorações de recursos naturais e desenvolvimento da produção industrial e agropecuária;
c. estudos, projetos, análises, avaliações, vistorias, perícias, pareceres e divulgação técnica;
d. ensino, pesquisas, experimentação e ensaios;
e. fiscalização de obras e serviços técnicos;
f. direção de obras e serviços técnicos;
g. execução de obras e serviços técnicos;
h. produção técnica especializada, industrial ou agropecuária.
Parágrafo único: Os engenheiros, arquitetos e engenheiros agrônomos poderão executar qualquer outra atividade que, por sua natureza, se inclua no âmbito de suas profissões.

ARTIGO 8.º – As atividades e atribuições enunciadas nas alíneas a, b, c, d, e e f do artigo anterior são da competência de pessoas físicas, para tanto legalmente habilitadas.
Parágrafo único: As pessoas jurídicas e organizações estatais só poderão exercer as atividades discriminadas no artigo 7.º, com exceção das contidas na alínea a, com a participação efetiva e autoria declarada de profissional legalmente habilitado e registrado pelo Conselho Regional, assegurados os direitos que esta lei lhe confere.

ARTIGO 9.º – As atividades enunciadas nas alíneas g e h do artigo 7.º, observados os preceitos desta lei, poderão ser exercidas, indistintamente, por profissionais ou por pessoas jurídicas.

ARTIGO 10.º – Cabe às Congregações das escolas e faculdades de engenharia, arquitetura e agronomia indicar ao Conselho Federal, em função dos títulos apreciados através de formação profissional, em termos genéricos as características dos profissionais por elas diplomado.
ARTIGO 11.º – O Conselho Federal organizará e manterá atualizada a relação dos títulos concedidos pelas escolas e faculdades, bem como seus cursos e currículos, com a indicação das suas características.

ARTIGO 12.º – Na União, nos Estados e nos Municípios, nas entidades autárquicas, paraestatais e de economia mista, os cargos e funções que exijam conhecimento de engenharia, arquitetura e agronomia, relacionados conforme o disposto na alínea *g* do artigo 27º, somente poderão ser exercidos por profissionais habilitados de acordo com esta lei.

ARTIGO 13º – Os estudos, plantas, projetos, laudos e qualquer outro trabalho de engenharia, de arquitetura e de agronomia, quer público, quer particular, somente poderão ser submetidos ao julgamento das autoridades competentes e só terão valor jurídico quando seus autores forem profissionais habilitados de acordo com esta lei.

ARTIGO 14º – Nos trabalhos gráficos, especificações, orçamentos, pareceres, laudos e atos judiciais ou administrativos, é obrigatória além da assinatura, precedida do nome da empresa, sociedade, instituição ou empresa a que interessarem, a menção explícita do título do profissional que os subscrever e do número da carteira referida no artigo 56º.

ARTIGO 15º – São nulos de pleno direito os contratos referentes a qualquer ramo da engenharia, arquitetura ou da agronomia, inclusive a elaboração de projeto, direção ou execução de obras, quando empresados por entidade pública ou particular com pessoa física ou jurídica não legalmente habilitada a praticar a atividade nos termos desta lei.

ARTIGO 16º – Enquanto durar a execução de obras, instalações e serviços de qualquer natureza, é obrigatória a colocação e manutenção de placas visíveis e legíveis ao público, contendo o nome do autor e co-autores do projeto, em todos os seus aspectos técnicos e artísticos, assim, como os dos responsáveis pela execução dos trabalhos.

CAPÍTULO II – Da Responsabilidade e Autoria

ARTIGO 17º – Os direitos de autoria de um plano ou projeto de engenharia, arquitetura ou agronomia, respeitadas as relações contratuais expressas entre o autor e outros interessados, são do profissional que os elaborar.
Parágrafo único: Cabem ao profissional que os tenha elaborado os prêmios ou distinções honoríficas concedidos a projetos, planos, obras ou serviços técnicos.

ARTIGO 18º – As alterações do projeto ou plano original só poderão ser feitas pelo profissional que o tenha elaborado.
Parágrafo único: Estando impedido ou recusando-se o autor do projeto ou plano original a prestar sua colaboração profissional, comprovada a solicitação, as alterações ou modificações deles poderão ser feitas por outro profissional habilitado, a quem caberá a responsabilidade pelo projeto ou plano modificado.

ARTIGO 19.º – Quando a concepção geral que caracteriza um plano ou projeto for elaborado em conjunto por profissionais legalmente habilitados, todos, serão considerados co-autores do projeto, com os direitos e deveres correspondentes.

ARTIGO 20.º – Os profissionais ou organizações de técnicos especializados que colaborarem numa parte do projeto deverão ser mencionados explicitamente como autores da parte que lhes tiver sido confiada, tornando-se mister que todos os documentos, como plantas, desenhos, cálculos, pareceres, relatórios, análises, normas, especificações e outros documentos relativos ao projeto sejam por eles assinados.

Parágrafo único: A responsabilidade técnica pela ampliação, prosseguimento ou conclusão de qualquer empreendimento de engenharia, arquitetura ou agronomia caberá ao profissional ou entidade registrada que aceitar esse encargo, sendo-lhe, também, atribuída a responsabilidade das obras, devendo o Conselho Federal adotar resolução quanto às responsabilidades das partes já executadas ou concluídas por outros profissionais.

ARTIGO 21.º – Sempre que o autor do projeto convocar para o desempenho do seu encargo o concurso de profissionais, da organização de profissionais especializados e legalmente habilitados, serão estes havidos como co-responsáveis na parte que lhes diga respeito.

ARTIGO 22.º – Ao autor do projeto ou a seus prepostos é assegurado o direito de acompanhar a execução da obra, de modo a garantir a sua realização de acordo com as condições, especificações e demais pormenores técnicos nele estabelecidos.

Parágrafo único: Terão o direito assegurado neste artigo o autor do projeto, na parte que lhe diga respeito, os profissionais especializados que participarem como co-responsáveis na sua elaboração.

ARTIGO 23.º – Os Conselhos Regionais criarão registros de autoria de planos e projetos, para salvaguarda dos direitos autorais dos profissionais que o desejarem.

TÍTULO III – Do Registro e Fiscalização Profissional

CAPÍTULO L – Do Registro dos Profissionais

ARTIGO 55.º – Os profissionais habilitados na forma estabelecida nesta lei só poderão exercer a profissão após o registro no Conselho Regional, sob cuja jurisdição se achar o local de sua atividade.

ARTIGO 56º – Aos profissionais registrados de acordo com esta lei será fornecida carteira profissional, conforme modelo adotado pelo Conselho Federal contendo o número de registro, a natureza do título, especializações e todos os elementos necessários à sua identificação.
Parágrafo Primeiro – A expedição de carteira a que se refere o presente artigo fica sujeita à taxa que for arbitrada pelo Conselho Federal.
Parágrafo Segundo – A carteira profissional, para os efeitos desta lei, substituirá o diploma, valerá como documento de identidade e terá fé pública.
Parágrafo Terceiro – Para emissão da carteira profissional os Conselhos Regionais deverão exigir do interessado a prova de habilitação profissional e de identidade, bem como outros elementos julgados convenientes, de acordo com instruções baixadas pelo Conselho Federal.

ARTIGO 57º – Os diplomados por escolas ou faculdades de engenharia, arquitetura ou agronomia, oficiais ou reconhecidas, cujos diplomas não tenham sido registrados, mas estejam em processamento na repartição federal competente, poderão exercer as respectivas profissões mediante registro provisório no Conselho Regional.

ARTIGO 58º – Se o profissional, empresa ou organização, registrado em qualquer Conselho Regional, exercer atividades em outra Região, ficará obrigado a visar, nela, o seu registro.

Resolução n. 218 – de 29 de junho de 1973
Discrimina atividades das diferentes modalidades profissionais da Engenharia, Arquitetura e Agronomia.

O CONSELHO FEDERAL DE ENGENHARIA, ARQUITETURA E AGRONOMIA, usando das atribuições que conferem as letras d e f, parágrafo único do artigo 27, da Lei n. 5.194, de 24 de dezembro de 1966:

CONSIDERANDO que o art. 7º da Lei n. 5.194/66, refere-se às atividade profissionais do engenheiro, do arquiteto e do engenheiro agrônomo, em termos genéricos;

CONSIDERANDO a necessidade de discriminar atividades das diferentes modalidades profissionais da Engenharia, Arquitetura e Agronomia em nível superior e em nível médio, para fins da fiscalização de seu exercício profissional, e atendendo ao disposto na alínea *b* do artigo 6º e parágrafo único do artigo 84 da Lei n. 5.194/66;
Resolve:

ARTIGO 1º – Para efeito de fiscalização do exercício profissional correspondente às diferentes modalidades da Engenharia, Arquitetura e Agro-

Generalidades

nomia em nível superior e em nível médio, ficam designadas as seguintes atividades:

Atividade 01 – Supervisão, coordenação e orientação técnica;
Atividade 02 – Estudo, planejamento, projeto e especificação;
Atividade 03 – Estudo de viabilidade técnica-econômica;
Atividade 04 – Assistência, assessoria e consultoria;
Atividade 05 – Direção de obra e serviço técnico;
Atividade 06 – Vistoria, perícia, avaliação, arbitramento, laudo e parecer técnico;
Atividade 07 – Desempenho de cargo e função técnica;
Atividade 08 – Ensino, pesquisa, análise, experimentação, ensaio e divulgação técnica, extensão;
Atividade 09 – Elaboração de orçamento;
Atividade 10 – Padronização, mensuração e controle de qualidade;
Atividade 11 – Execução de obra e serviço técnico;
Atividade 12 – Fiscalização de obra e serviço técnico;
Atividade 13 – Produção técnica e especializada;
Atividade 14 – Condução de trabalho técnico;
Atividade 15 – Condução de equipe de instalação, montagem, operação, reparo ou manutenção;
Atividade 16 – Execução de instalação, montagem e reparo;
Atividade 17 – Operação e manutenção de equipamento e instalação;
Atividade 18 – Execução de desenho técnico;

ARTIGO 2.º – Compete ao ARQUITETO OU ENGENHEIRO ARQUITETO DE GEODÉSIA E TOPOGRAFIA ou ao ENGENHEIRO GEÓGRAFO:

I. O desempenho das atividades 01 a 18 do artigo 1.º desta Resolução, referentes a edificações, estradas, pistas de rolamentos e aeroportos; sistemas de transporte, de abastecimento de água e de saneamento; portos, rios, canais, barragens e diques; drenagem e irrigação; pontes e grandes estruturas; seus serviços afins e correlatos.

Observações

• Pelas leis que regulamentam as profissões de engenheiro e arquiteto, eu não vejo nenhuma diferença significativa entre as duas atividades. Aliás, as duas profissões vêm de uma mesma origem, engenhar e arquitetar querem dizer usar a cabeça e o coração.

MHCB

• Frase de Oscar Niemeyer
Mais importante que a arquitetura é a vida.

1.8. Quando os engenheiros e arquitetos apresentam bem ou mal seus relatórios

Texto de
Eng. Manoel Henrique Campos Botelho
Revista Engenharia, n. 532, ano 1999

Engenheiros e arquitetos muitas vezes têm que apresentar suas ideias, seus pareceres a um grupo de pessoas. Principalmente os engenheiros têm muita dificuldade de fazer boas apresentações em público. Há engenheiros professores que chegam a se aposentar sem cuidar de suas apresentações, o que é uma lástima e uma perda de oportunidade para que todos evoluam com a experiência desse profissional.

Abaixo, transcrevo considerações a partir de dados e informações com o propósito de ajudar engenheiros e arquitetos a melhorar suas apresentações.

Considerações

1. Quando fazemos uma apresentação de um relatório ou um trabalho de congresso, estamos em uma situação ímpar e privilegiada. Dezenas ou até centenas de pessoas nos assistirão em posição passiva e atenta. No início seguramente atentas e no final talvez desatentas se os não dominarmos a plateia.

    Se dominamos a plateia ela é dócil. Se perdermos o controle a plateia é insubordinada. Vamos dominar a plateia com recursos a seguir sugeridos:

2. Preparar a apresentação é algo decisivo. Lamentavelmente metade das palestras que assisti o apresentador não tinha treinado a apresentação.

3. Ao fazer uma apresentação vista-se muito bem, use perfume de classe (isso nos enche de amor próprio) e inicialmente apresente-se dando nome e titulação profissional resumida. Exponha o que você vai falar, pois isso aumentará a expectativa da plateia. Não entre de sola no assunto. Muitas coisas na vida exigem para seu clímax um aquecimento prévio e plateia é do sexo feminino, convenhamos.

4. Os casos mais comuns de apresentação nestes anos finais do início do século XXI são com o uso de canhões com imagem oriundas de computador. Em qualquer caso é decisivo mandar fazer o material da exposição por alguém ou profissional de comunicação visual ou alguém que domine parcialmente essa técnica.

5. Antes de fazer a apresentação treine de forma completa pelo menos duas vezes. Treinar do começo, ou seja, desde o "Boa Noite", seu nome e titulação profissional e termine esse trecho inicial agradecendo o convite para ali estar. O treino deve ser o mais realista possível, se é que você deseja alcançar a melhor meta. É esse o seu caso?

6. Ao falar, fale para a última fileira de espectadores do auditório. Se eles ouvirem a primeira e fileiras médias também ouvirão. Se você falar diretamente para a primeira fileira a última fileira não ouvirá e começarão a conversar e daí você perderá o controle da reunião.

   Fixe seu olhar para alguém do meio do público e mantenha seu olhar nele.

7. Se alguém da plateia ousar conversar com o vizinho aumente o seu tom de voz e demonstre, sem constrangimento, que só há um orador. Seu tom de voz deve ser o condutor da reunião.

8. Cada imagem projetada na tela deve ser mostrada pelo menos por dez segundos que é o tempo que se leva para entender o objetivo de cada imagem. Cada imagem deve ser valorizada e você deve explicar a função e a sua mensagem. Seguramente se uma imagem nada merecer de ser valorizada não deverá ser apresentada.

9. Uma verdadeira armadilha é o aproveitamento, sem cuidados, de figuras já existentes e desenhos de projeto. As cotas e dimensões costumam nesses casos ficar borradas na projeção. Mande preparar um jogo específico para sua exposição. Juro que assisti a uma palestra onde o apresentador mostrou uma enorme tabela datilografada onde nada era visível e tudo era incompreensível e o apresentador alertou com uma calma de anjo que a tabela apresentada por ele estava bem ruim. Se estava ruim e quase incompreensível por que mostrou? Será que o público não merece algo melhor? Na verdade pior que a apresentação era o nível desse profissional.

10. Ao treinar por várias vezes a exposição você ganhará ritmo, coordenação de movimentos e confiança. Treine também quem vai operar o sistema de projeção pois se ele falhar, talvez isso comprometa sua apresentação. Quando digo treinar é simular tudo e com pessoas presentes que baterão palmas ou farão críticas no final. Levar extremamente a sério o treinamento da exposição é arma estratégica. A vida é um teatro.

11. Se uma pessoa do fundo do auditório fizer uma pergunta todas ouvirão. Se ao contrário for uma pessoa da fileira da frente que fizer uma pergunta duas coisas podem acontecer desgraçadamente:
    - ninguém ouve a pergunta.
    - e o que é pior, alguns maus expositores respondem a baixa voz só para a pessoa da frente deixando e abandonando todo o resto do auditório.

    Nesses casos a melhor técnica é pedir para a pessoa da frente falar em voz alta ou então o palestrante deve repetir a pergunta em alto tom de voz para os espectadores da última fila.

12. Trabalhei com um famoso professor e executivo público que depois do fim da exposição e agora com a sala vazia de espectadores, fazia uma outra reunião com a crítica interna da exposição, preparando-se para uma eventual nova

apresentação. Numa dessas reuniões ele criticou uma reunião que ele mesmo preparara e conduzira com a seguinte observação:

- *passamos do ponto de qualidade ótima. A excepcional apresentação inibiu o cliente que é de baixo nível. Na próxima reunião deveremos não ser tão bons...*

Isso é que é planejar a vida e querer ir para frente.

13. Se for possível decore a apresentação e não leia nada. A exposição a partir de um texto livre é sempre melhor que um texto lido formalmente.

14. Detalhes são detalhes. Faz uns anos foi planejada uma apresentação em alto nível de um assunto de engenharia na Câmara de Vereadores de Cubatão, SP. Foi contratada uma firma de assessoria de comunicação com seus experts, todos com cabelo com rabos de cavalos ("visual designers") que era como eles se intitulavam, que preparou um show de imagens via computador. O apresentador treinou umas cinco vezes. Tudo preparado e com o público já presente no auditório, um dos visual designer foi ligar a aparelhagem. Ai alguém fez uma pergunta, pequena pergunta, que deveria ter sido feita dias antes:

– aqui em Cubatão a tensão elétrica é 110 V, não é?

Não era. Era 220 V. A apresentação teve que ser atrasada por uns vinte minutos para se trazer de algum lugar um sistema com tensão de 110 V.

O visual design tinha se esquecido do tipo de alimentação elétrica. Se ele tivesse treinado a apresentação, um dia antes na própria Câmara, o problema teria aparecido e teria sido solucionado com o uso de um singelo transformador.

Depois de ter escrito este texto fiz uma palestra e cometi um erro. No início dos trabalhos foi chamada uma pessoa para fazer parte da mesa de honra e essa pessoa não foi chamada para dizer algo, por mais simples que fosse. Aprenda mais esta. Com formação de mesas de honra, principalmente de mesas com poucas pessoas, todos tem que falar, mesmo que seja uma simples saudação.

Tudo o exposto aqui são técnicas de exposição. Além da técnica temos que colocar arte na exposição, isso se você quiser ir para a frente e aproveitar a oportunidade, talvez única, de ter dezenas de pessoas te ouvindo.

Capítulo 2

CONSTRUÇÕES

2.1. Para entender os termos de topografia e como contratá-la.
2.2. Topografia de construção – Os triângulos mágicos, o nível, o fio de prumo, o nível de mangueira.
2.3. Apresentamos os três personagens principais da mecânica dos solos – O solo arenoso, o solo siltoso e o solo argiloso.
2.4. Enfim explicado o enigmático índice de vazios dos solos.
2.5. Compactação de solos e adensamento.
2.6. Interpretação dos resultados das sondagens à percussão dos terrenos.
2.7. Areias para a construção civil – Como comprar e como usar.
2.8. Pedras para a construção civil – Como comprar e como usar.
2.9. Como comprar e usar cimento.
2.10. O concreto – A resistência do concreto – O *fck*, a relação água/cimento, o *slump* e as betoneiras do mercado.
2.11. Concreto Brasil – Na betoneira ou no braço – O teste das latas.
2.12. Como comprar concreto de usina (pré-misturado).
2.13. Aços para a construção civil – Como escolher – Cuidados na compra.
2.14. Como fazer uma concretagem (ou como exigir que o empreiteiro a faça).
2.15. Vamos preparar argamassas?
2.16. Madeiras do Brasil – Como bem usá-las.
2.17. Drenagem profunda (solo superficial) de solos.

2.1. Para entender os termos de Topografia e como contratá-la

2.1.1. Introdução

O objetivo da Topografia é levantar, e depois apresentar em desenhos, as características do relevo e pontos singulares de uma região. Isso é feito por meio de medidas de: distâncias (sempre na horizontal)[*], desníveis, ângulos, coordenadas etc.

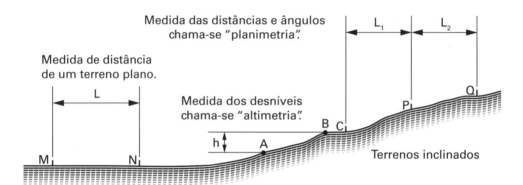

O levantamento planialtimétrico levanta as distâncias, os ângulos, as alturas e os pontos singulares de uma área. São pontos singulares: rios, edificações, árvores, muros, ruas, poços de visitas etc. O levantamento também inclui a localização da área na região do entorno, por meio das coordenadas e da direção norte-sul.

2.1.2. A topografia pelas suas palavras-chaves

2.1.2.1. Teodolito

É um aparelho ótico que mede:
- ângulos horizontais
- ângulos verticais
- níveis

Por meio de técnica de taqueometria, mede distâncias horizontais. Acoplado a uma bússola, mede ângulos em relação ao norte magnético. O teodolito é um aparelho caro e de alguma sofisticação. Quando a função é só nivelar, usa-se o nível.

---

[*] Isto é um detalhe importante. Distâncias são medidas na horizontal, sempre na horizontal.

2.1.2.2. Nível

Só nivela e tira nível. É mais econômico, prático e preciso que o teodolito para essa função.

2.1.2.3. Distanciômetro

É um equipamento que se acopla a um teodolito para taqueometria, ou seja, mede distância com alta precisão (superior à medida com trena). A taqueometria evita, pois, a medida de distâncias à trena. É uma medida indireta (ótica).

2.1.2.4. Trena

Fita graduada, de lona ou aço, para medida de distâncias.

2.1.2.5. Nivelamento geométrico

É o mais comum dos nivelamentos. É feito por nível e mira (régua graduada)*.

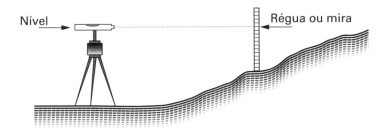

O nivelamento é feito a partir de um ponto (referencia de nível ou RN**) e avança pela área a ser estudada). Faz-se o nivelamento e o contranivelamento para aferição do resultado e detecção de eventual erro fortuito.

Para começar o nivelamento traz-se do ponto mais próximo o RN oficial para que as medidas de nível sempre se refiram ao RN oficial (altura do ponto em relação ao nível do mar). Trazido o RN, são criados e distribuídos ao longo da área, os PS (pontos de segurança) que são RN auxiliares que permitem que a cada dia, o topógrafo não seja obrigado a começar o seu trabalho do ponto onde está o RN transportado. Os PS normalmente são colocados em soleiras de portas de residências. Em terrenos abertos onde não há soleiras são cravados piquetes para este fim. Esses PS são depois usados na obra como RN auxiliares.

---

* Além do nivelamento geométrico, há outros tipos de nivelamento mas pouco usados, devido às suas baixas precisões.
** RN – referência de nível.

Todo nivelamento pressupõe um contranivelamento, ou seja, parte-se de um ponto (RN, PS), circula-se pela área e volta ao ponto de partida. A cota de chegada e a cota de saída nunca resultam iguais. A diferença é atribuída, se não houver erros de medida, aos erros de fechamento (erros experimentais).

2.1.2.6. Erros

Cada classe de levantamento aceita, tolera, um grau de erro experimental. Exigências maiores são feitas em levantamentos de precisão. Exemplo disso é o estabelecimento de uma rede de RN oficiais. O erro de fechamento aceitável é rígido, exigindo aparelhos e técnicas sofisticadas.

2.1.2.7. Norte magnético

Considerando que o norte magnético é próximo ao norte verdadeiro, é comum se substituir a determinação do norte verdadeiro (que exige observação de estrelas) pelo uso do norte magnético, usando para isso a bússola existente nos teodolitos. O uso do Norte verdadeiro é sempre preferível ao uso do norte Magnético.

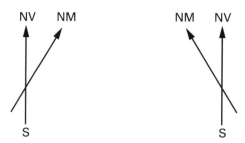

Observação

- Os ângulos indicados entre o NV e o NM estão extremamente exagerados, só para dar maior visibilidade ao leitor.

Há uma pequena diferença entre o norte verdadeiro e o norte magnético. Essa diferença varia de um local a outro. Em um mesmo local varia ao longo do tempo. Essa diferença chama-se declinação magnética. O Prof. Lelis Espartel, na sua clássica obra *Curso de Topografia*, declara (p. 64, ed. 1965):

"A variação diária de declinação de agulha em Porto Alegre tem uma amplitude de 9', um valor mínimo verifica-se às 11 horas e o máximo às 13 horas"*.

"A declinação média em Porto Alegre foi em 1951 de 8' 17" ocidental."

---

* Não nos esqueçamos. O ângulo reto tem 90 graus (90°), cada grau tem 60 minutos (60') e cada minuto tem 60 segundos (60"). Exemplo de medida de ângulo: 47° 38' 12".

2.1.2.8. Medidas de direções – Azimutes e rumos

Imaginemos uma cerca a qual queremos saber a sua posição (ângulo) em relação à direção norte sul (magnético).

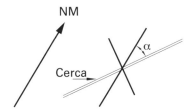

Para definir a posição de uma direção (cerca, córrego, parede, muro etc.) em relação à direção norte-sul, usam-se dois caminhos, dois métodos independentes e alternativos. Um método é por *azimute*, o outro é por *rumo*. Ambos fornecem, segundo suas maneiras, a exata posição (ângulo) de um alinhamento em relação à direção norte-sul. Como regra geral, esses ângulos são medidos por bússolas; a linha norte-sul usada é a magnética.

- *Método do azimute* (*azimute magnético*)
  O azimute de um alinhamento é o ângulo medido a partir da direção norte-sul e em seu sentido horário. Veja a aplicação desse conceito a partir da medição de várias cercas divisórias de terrenos (linha OB).

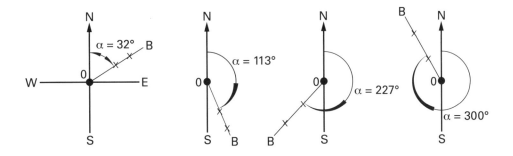

- *Método do rumo magnético*
  Rumo de um alinhamento é o ângulo que ele forma com a ponta da agulha magnética mais próxima (pode ser a ponta Norte ou a ponta Sul).

Observação

- O ponto cardeal Oeste tem representação W em topografia e cartografia. Provém da expressão inglesa *west* (oeste). *Farwest* quer dizer Oeste distante. Leste tem o símbolo E.

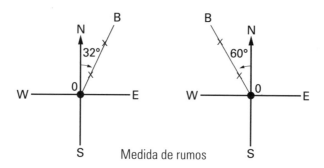

Medida de rumos

Como a direção OB está mais próxima de N do que S, o rumo será 32° NE.

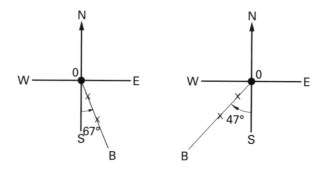

Conclui-se que rumos e azimutes são tipos de medidas de uma mesma direção. São, pois, métodos alternativos.

2.1.3. Como contratar levantamentos topográficos

Apresentamos, a seguir, um exemplo de como especificar o levantamento de uma área.

2.1.3.1. Objetivo

O objetivo é o levantamento planialtimétrico da área. O produto do levantamento será apresentado em desenhos com curvas de nível de metro em metro na escala 1:500. (Poderia ser nas escalas 1:1.000 e 1:2.000, conforme os usos).

2.1.3.2. O que levantar

O trabalho deverá levantar planialtimetricamente a área em questão, fornecendo informações sobre os seguintes pontos singulares: edificações, cercas, árvores de diâmetro maior que 30 cm, córregos, muros, postes, poços de visita de esgoto e águas pluviais, caixas de luz, telefone etc.

2.1.3.3. Altimetria

Para cada hectare de terreno, se exigirá uma densidade de pontos de, no mínimo, 50 por hectare[*].

Para essa altimetria será necessário fazer uma linha de base com piquetes de 20 em 20 metros nivelados geometricamente e contranivelados.

2.1.3.4. RN

Será transportado para a área o RN oficial localizado na Praça da Matriz, com cota de referência 632,14 m e suas coordenadas. Na área do terreno será implantado um marco de concreto do RN (10 × 10 × 30 cm) transportado, que servirá de referência às futuras obras.

2.1.3.5. Erros Admissíveis

Os erros de fechamento admissíveis são:
- 1/10.000 para fechamentos lineares.
- 8 mm $\cdot$ $\sqrt{k}$ sendo k o número de quilômetros para o fechamento do nivelamento e contranivelamento.
- Se usado poligonal de apoio o erro admissível será 30 $\cdot$ $\sqrt{k}$ sendo k o número de vértices da poligonal, para o fechamento angular.

2.1.3.6. Norte

Será determinado o norte verdadeiro. Usar o GPS[**].

2.1.3.7. Apresentação

O desenho final será apresentado datado e assinado pelo responsável. Junto com o desenho, serão entregues as cadernetas originais do levantamento e os CDs das gravações.

2.1.4. Jargões

Agora entenda os termos seguintes, muito comuns em topografia:

- *Levantamento cadastral de uma área*
  Poderá ser planimétrico ou planialtimétrico, deverá representar integralmente o contorno externo das propriedades (casas, galpões), como também os demais elementos necessários para a caracterização da área. Deverá ser obtido o nome de cada um dos proprietários dos terrenos levantados.

---

[*] A densidade de pontos levantados altimetricamente, condicionará a precisão das curvas de nível do desenho. Quanto mais pontos, mais precisas elas serão.

[**] GPS. – "Global Positiong System" ou seja Sistema de posicionamento global.

- *Levantamento semicadastral de uma área*
  Poderá ser planimétrico ou planialtimétrico; ao contrário do anterior, fornece somente a testada frontal das propriedades imobiliárias na área levantada.

- *Levantamento de faixa de desapropriação*
  Consiste em um levantamento cadastral utilizado para efeito de desapropriação de terreno ou passagem de servidão; nesse caso, o levantamento deve ser complementado pelas informações obtidas junto aos cartórios de registro de imóveis.

- *Coordenadas*
  Sistema de amarração de distâncias de um ponto a uma malha oficial de referência. Geralmente, cada RN oficial está amarrado às coordenadas. Se necessário, além de trazer a referência de nível para o local em estudo, pode-se trazer também as coordenadas.

- *Longitude de um local*
  Ângulo formado pelo Meridiano que passa por esse ponto e o Meridiano de Greenwich. Há longitudes W e E.

- *Latitude de um local*
  Ângulo de um ponto em relação à linha do Equador. Há a latitude norte e a latitude sul. Para efeitos práticos, diz-se que a latitude é a distância entre um ponto e a linha do Equador.

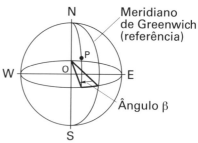

O ponto "P" tem latitude α norte.   O ponto "P" tem longitude β leste.

W = Oeste   E = Leste

Nota

- Longitude – termo arcaico para distância. Em espanhol, longitude é termo corrente para distância.

Longitudes e latitudes aproximadas de vários locais

Cidades	Longitude	Latitude
Boa Vista (Roraima)	61° W	3° N
Belém (Pará)	49° W	1° S
Porto Alegre	51° W	30° S
Greenwich (Londres)	0°	51° N
Estocolmo (Suécia)	17° E	59° N

2.2. Topografia de construção – A trena, os triângulos mágicos, o nível, o fio de prumo, o nível de mangueira

Nas pequenas obras não há teodolito, níveis etc. Como fazer para que:
- As paredes sejam verticais.
- As fiadas de tijolos sejam horizontais.
- As paredes sejam umas ortogonais às outras.
- As tubulações de esgoto corram para baixo.

Para medir distâncias, usamos as trenas. Para controlar a verticalidade das paredes, usa-se o fio de prumo e para a horizontalidade, o nível de bolha.

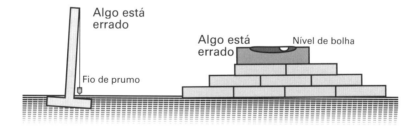

Para transferir de um ponto a outro um nível de referência, usa-se o nível de mangueira, que é uma mangueira transparente cheia de água. Os dois níveis que ocorrem estão na mesma horizontal.

E para manter a ortogonalidade (ângulo reto) de alicerces e parede? Como não existe teodolito para medir ângulo e nem esquadros gigantescos, usa-se a técnica do triângulo mágico.

Inicialmente, constrói-se a linha básica e nesta marca-se 3 m, por exemplo, definindo o ponto B. O ponto D será a interseção de arcos de centro em A com 4 m e arcos com centro em B de 5 m. Analogamente, o ponto E (na linha a marcar) será a interseção de arco com centro em A de 8 m de raio e o arco com centro em C, com 10 m de raio e assim sucessivamente.

A linha a ser marcada será assim estabelecida, ortogonal à linha básica. É o triângulo mágico:

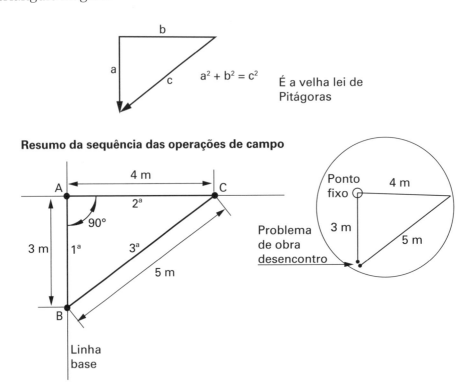

A linha base deve ser colocada no local principal do terreno, onde deve ser o início da construção. A partir dela serão feitas as medições.

Marca-se o ponto A, mede-se 3 m e marca-se o ponto B. Em seguida, ortogonalmente à linha base, a partir do ponto A, mede-se 4 m e marca-se o ponto C.

O triângulo mágico, isto é, o esquadro perfeito, deverá ser formado no ponto A (ângulo de 90°) quando esticar-se a trena do ponto C ao ponto B e este espaço for de 5 m.

No exemplo circulado, nota-se que, apesar de os traços medirem o mesmo que o gráfico, o ponto B está desencontrado, pelo fato de a segunda linha estar fora de esquadro com a linha base.

É justamente esse o benefício deste triângulo mágico. Colocando-se um pino em A, para que a 2ª linha possa girar, ajusta-se o término da 3ª linha para coincidir com o ponto B na linha base. Está pronto o triângulo mágico, com ângulo de 90° no ponto A.

A verificação deve ser feita, fechando um retângulo e medindo suas diagonais, que deverão ser iguais.

2.3. Apresentamos os três personagens principais da mecânica dos solos – O solo arenoso, o solo siltoso e o solo argiloso

2.3.1. Introdução

Para efeito prático de construção, a Mecânica dos Solos divide os materiais que cobrem a terra principalmente em:
- rochas (terreno rochoso)
- solos arenosos
- solos siltosos
- solos argilosos (solo com barro)

Mas, atenção. Quando dizemos que um solo é arenoso, estamos dizendo que a sua maior parte é areia e não que tudo é areia. Analogamente, solo argiloso é solo com muita argila.

O critério principal de classificação e ordenação dos tipos de solos é o tamanho de seus grãos. O quadro a seguir demonstra os solos em função do diâmetro (em mm) dos seus grãos.

(mm)	0,005	0,05	0,15	0,84	4,8	16
Argila	Silte	Areia fina	Areia média	Areia Grossa	Pedregulho	

Assim, argila é um solo formado de grãos extremamente pequenos, invisíveis a olho nú. As areias, ao contrário, têm grãos visíveis, separáveis e individualizáveis.

2.3.2. Solos arenosos

São os solos em que predomina a areia, que é composta de grãos grossos, médios e finos, todos visíveis a olho nú; não tem coesão, ou seja,os seus grãos são facilmente separáveis uns dos outros, como por exemplo, a parte seca das praias.

Quando a areia está úmida, ganha algo como uma coesão temporária. A areia úmida da praia, permite construir castelos de areia que quando secam desmoronam ao menor esforço.

Os solos arenosos possuem grande permeabilidade, ou seja, a água circula com grande facilidade no meio deles.

Se construirmos uma casa sobre um terreno arenoso, com nível de água próximo à superfície, e se abrirmos uma vala ao lado, a água do terreno poderá drenar para essa vala. O terreno arenoso perderá água e se adensará, podendo provocar trincas na construção devido ao recalque provocado.

Veja:

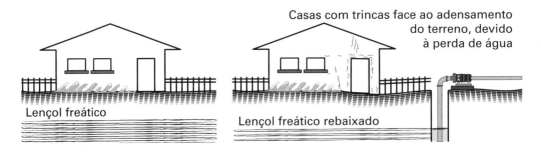

Ver NBR 7181 da ABNT, Solo – Análise Granulométrica e NBR 9061, Segurança de Escavação a Céu Aberto em <www.abnt.org.br>.

As estradas construídas sem pavimento em terreno arenoso não causam atolamento em época de chuva e não levantam poeira em época seca. Não causam poeira pois seus grãos são suficientemente pesados para não serem levantados quando da passagem de carros. Em contrapartida, as estradas construídas em solos argilosos são barrentas nas chuvas, e na seca formam um piso duro. O pó existente nas estradas levantado pelos carros é, na maioria das vezes, devido ao silte, sempre presente nos terrenos argilosos.

2.3.3. Solos argilosos

O terreno argiloso caracteriza-se por:
- Constituição por grãos microscópicos.
- Facilidade de moldagem com água.
- Cores vivas.
- Dificuldade de desagregação.[*]
- Formação de barro plástico e viscoso quando molhado.
- Grande impermeabilidade.
- Permite cortes verticais estáveis, cortados como se corta manteiga gelada.

A argila é o oposto da areia. O solo argiloso face à sua plasticidade e aglutinação é usado há centenas de anos como argamassa de assentamento, argamassa de revestimento e na preparação de tijolos.

Somos um país que em significativa parte se assenta sobre solo argiloso, mas temos pouca tradição de arte em argila ou de construção com uso intensivo de argila. Apenas os índios marajoaras recém-egressos da era da pedra-

---

[*] É como encontrar-se em cortes verticais argilosos, dezenas de anos depois, as marcas dos dentes do equipamento de escavação. É prova cabal da resistência à desagregação das argilas.

-lascada criaram uma arte argilosa: a cerâmica marajoara. Essa arte não teve prosseguimento.

As esculturas do mestre Vitalino são um outro exemplo.

Mas voltemos a falar de assuntos estritamente técnicos.

Os grãos de argila são lamelas microscópicas, ao contrário dos grãos de areia que são esferoides. As características da argila estão mais ligadas à forma lamelar dos seus grãos do que ao diminuto tamanho destes.

Os solos argilosos distinguem-se pela sua alta impermeabilidade. São tão impermeáveis que na construção de barragens de terra, o material mais deseja-do para a confecção da parte impermeável dessas obras é a argila, devidamente compactada.

Quando não há argila nas imediações busca-se mais longe (área de empréstimo).

2.3.4. Solos siltosos

O silte está entre a areia e a argila; é o primo pobre desses dois materiais. É um pó, como a argila, mas não tem coesão apreciável e plasticidade suficiente quando molhado.

Estradas siltosas levantam pó na seca e formam barro na chuva.

Cortes em silte arenoso não têm estabilidade superficial prolongada, são facilmente erodíveis e desagregáveis.

2.3.5. Outras denominações

A divisão dos materiais do terreno em rochas, solos arenosos, solos siltosos e solos argilosos recebem outras denominações conforme o tipo de obra a se fazer. Veja outros termos:

- *Piçarra*: rocha muito decomposta e que pode ser escavada com pá ou picareta.
- *Tabatinga, turfa*: argila com muita matéria orgânica.
- *Moledo*: rocha em estado de decomposição, que pode ser removida só com martelete a ar comprimido.
- *Saibro*: terreno natural rico em argila com areia.

Apresentamos, a seguir, quadro de usos dos três tipos de terreno.

Consultar o livro *Quatro edifícios, cinco locais de implantação, vinte soluções de fundações,* publicado pela Editora Blücher (www.blucher.com.br)

Consultar sempre as NBR 6497 – Levantamento Geotécnico e NBR 6122 – Projeto e Execução de Fundações e Normas Relacionadas.

Uso/aspectos	Solo arenoso	Solo siltoso	Solo argiloso
Fundação direta	É ideal. Dificuldades para manter as escavações das paredes laterais.	Idem solo arenoso.	É usual, com problemas admissíveis de recalques; há facilidade de escavação das paredes.
Fundação em estaca	Dificuldades de cravação face ao atrito lateral. Em terrenos arenosos molhados a cravação se faz a ar comprimido.	É usual, tirando partido do atrito lateral e da reação de ponta para absorver a carga transmitida.	É usual com a estaca atingindo maiores profundidades de cravação; às vezes ocorre aparecimento do atrito negativo.
Corte e taludes sem proteção	Não se recomenda devido falta de coesão.	Há necessidade de se conhecer: C (coesão) e (ângulo de atrito). A altura de corte é menor do que para as argilas.	Possível devido à coesão.
Esforço em escoramento	Esforços são maiores; há necessidade de escoramento contínuo.	Idem solo arenoso.	Esforços são menores, com escoamentos bem espaçados (escoramentos descontínuos).
Recalque do terreno face às cargas	Os recalques nos solos arenosos são imediatos	Intermediário entre areia e argila.	Os recalques são extremamente lentos. O terreno pode levar anos até estabilizar.
Adensamento e compactação	Há adensamento se houver perda de água. A compactação se faz com vibração.	Há adensamento se houver perda de água. A compactação se faz com percussão ou com rolos (pé de carneiro).	Há adensamento se houver perda de água. A compactação se faz com percussão e com rolos.
Drenabilidade Nível de água	É fácil mas cuidado com a instabilidade das paredes, ruptura do fundo etc.	Aceita a passagem de água mas necessita de uma verificação in situ dos parâmetros geotécnicos (coesão, ang. de atrito, etc.).	A alta permeabilidade dificulta a drenagem.
Como material de barramento Nível de água	Não se recomenda por ser solo permeável sem coesão, taludes são instáveis; há fluxo intenso pelo barramento.	É utilizável com maior coeficiente de segurança; pouca coesão; taludes mais abatidos, etc.	É recomendável por ser impermeável; coesão e ângulo de atrito são favoráveis na análise de estabilidade.

2.4. Enfim explicado o enigmático índice de vazios dos solos

Às vezes, não fica claro a iniciantes de estudo de solos, a questão do índice de vazios, volume real, volume aparente, granulometria e outros. Vamos a um caso prático para entender melhor a questão.

Imaginemos uma pedra com forma esférica, de densidade igual a 2,2 t/m³ e com diâmetro de 3,2 m. Seu peso e volume serão:

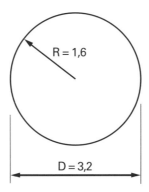

Volume:

$$\frac{4}{3}\mathsf{p}R^3 = \frac{\mathsf{p}D^3}{6} = \frac{\mathsf{p}}{6}\cdot(3,2)^3 = 17{,}15 \text{ m}^3$$

Peso específico:

$$P_{esp} = \frac{P}{V} \therefore P = P_{esp} \cdot V \qquad P = 2{,}2 \cdot 17{,}15 = 37{,}7 \text{ t}$$

Como essa peça é maciça (não há vazios no interior) não há dúvida:

$$V = 17{,}15 \text{ m}^3$$
$$P = 37{,}7 \text{ t}$$
Peso específico = densidade = $37{,}7/17{,}15 \cong 2{,}2$ t/m³

Peguemos agora essa pedra de forma esférica e a dividamos (hipoteticamente) em 1.000 pedras iguais e de forma também esférica. Admitindo-se que não haja perdas (poeira, lascas etc.) no processo de transformação teremos 1.000 pedras cada uma com peso de:

$$\frac{37{,}7 \text{ t}}{1.000} = 0{,}0377 \text{ t} = 37{,}7 \text{ kg}$$

Claro que o peso específico de cada uma dessas pedrinhas será igual ao peso específico da pedra mãe. Logo, podemos calcular o volume de cada pedrinha.

$$\frac{P}{V} = 2{,}2 \text{ t/m}^3 = \frac{0{,}0377 \cdot t}{V} \quad \rightarrow \quad V = \frac{0{,}0377 \cdot t}{2{,}2 \text{ t/m}^3}$$

$$V = 0{,}0171 \text{ m}^3$$

Logo, cada pedrinha terá o volume de 0,0171 m³; como, hipoteticamente, cada pedrinha ficou esférica, podemos calcular o seu diâmetro e raio.

$$V = \frac{4}{3}\mathsf{p}R^3 \therefore R^3 = \frac{3V}{4\mathsf{p}}$$

$$R = \sqrt{\frac{3V}{4\mathsf{p}}} = \sqrt{\frac{3 \times 0{,}0171}{4 \times 3{,}14}}$$

$$R = \sqrt{0{,}00408} \qquad R = 0{,}159 \text{ m}$$

$$D = 0{,}318 \text{ m}$$

Logo, cada pedrinha terá um diâmetro de 0,318 m.

Façamos agora uma construção (em forma de cubo) onde a base terá 10 bolinhas, a altura 10 bolinhas e o comprimento 10 bolinhas, reconstituindo em peso (1.000 bolinhas) a pedra original.

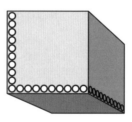

A nova forma da pedra mãe, será um cubo com três arestas iguais a 3,18 m. O novo volume dessa pedra será:

$$V = 3 \times 3{,}18^3 = 32{,}16 \text{ m}^3$$

A nova pedra tem agora um volume de 32,16 m³ quando, na origem, tinha 17,15 m³. O volume aumentou. Esse novo volume é chamado volume aparente. O que na verdade aconteceu? Aumentamos artificialmente o volume da pedra. Temos agora o mesmo peso (37,7 t) em um volume maior (*Vap*).

Quem encheu os vazios? O ar. Qual é o volume de vazios?

$$V_{(vazios)} = Vap - V_{(inicial)} = 32,16 - 17,15 = 15,01 \text{ m}^3$$

A nova pedra tem um novo peso específico ou peso específico aparente.

$$\frac{P}{Vap} = \frac{37.7 \text{ t}}{32,16 \text{ m}^3} = 1,1 \text{ t/m}^3$$

Lembremos que o peso específico inicial era 2,2 t/m^3.

Se continuássemos o processo de divisão, mantendo sem perdas o peso inicial de 37,7 m^3, aumentaríamos o volume aparente ainda mais.

A areia é, em princípio, uma resultante do processo da natureza de divisão (irregular em forma) de rochas-mães. Se mandassem determinar em laboratório a densidade de 1 grão de areia, se verificaria que ela é igual à densidade da rocha-mãe, mas a densidade de uma partida (lote) de areia é menor, bem menor que a densidade da rocha-mãe. Na areia os espaços vazios são ocupados por ar e água.

Conclusão

O peso específico (densidade) de um lote de areia é menor que o peso específico da rocha-mãe.

Apresentemos agora o conceito de índice de vazios.

Índice de vazios é a relação entre o volume de espaços vazios (ocupado por água e ar) e o volume aparente.

$$I_V = \frac{Vap - V_{inicial}}{Vap} = \frac{V_{(vazio)}}{V_{(aparente)}}$$

No nosso caso:

Pedra-mãe	Pedras britadas
Volume inicial: $V_{aparente}$ 17,15 m^3 Vazios: $Vap - V_{inicial} = 0$	Volume inicial: 17,15 m^3 Volume aparente: 32,16 m^3 Volume vazio = 32,16 – 17,15 m^3 = 15,01 m^3
Índice de vazios: $\dfrac{0}{17,15} = 0\%$	Índice de vazios: $\dfrac{15,01}{32,16} = 46\%$

O quadro a seguir dá, para três materiais, a evolução desses conceitos:

	Pedra mãe	Pedra britada	Areia
Peso específico aparente	Igual ao peso específico original	Menor que o da pedra mãe	Menor que o de pedra britada
Índice de vazios	Nulo	Maior que o da pedra mãe	Maior que o da pedra britada

Quanto se divide uma pedra, aumentamos o seu volume aparente. Essa é a razão pela qual, nas pedreiras, o enchimento de caminhões se faz mais pela lotação de volume do que pela lotação de peso*.

Caminhão transportando a pedra mãe

Caminhão não pode transportar o resultado da brita da pedra mãe, o volume agora é muito maior

Agora uma observação; materiais que tenham grãos de diâmetro uniforme (grãos do mesmo tamanho) têm maior índice de vazios que solos de grãos de diâmetros variados. No caso de grãos de tamanhos variados, os grãos menores ficam no espaço entre grãos maiores. Uma energia de vibração (compactação) ajuda a diminuir o índice de vazios, pois aproxima os grãos, diminuindo os vazios ocupados pelo ar.

Veja:

Solo com grãos de diâmetro uniforme alto índice de vazios

Solo com grãos de diâmetro variados pequeno índice de vazios

---

* Esse fenômeno de esgotamento volumétrico de um caminhão, antes, muito antes, do seu "esgotamento de carga" (peso), explica o fato de nas cidades grandes o caminhão de coleta de lixo ser dotado de um compactador. Se o caminhão não compactasse o lixo, com pouca carga (peso), ele estaria cheio (volumetricamente). O compactador instalado no caminhão adensa (comprime) o lixo e com isso ele pode carregar mais lixo.

Vamos aplicar o conceito visto a areia:
- Peso específico do seu grão (2,6 kg/L).
- O peso específico (aparente) de um lote de areia de granulometria média é 1,5 kg/L.
- O peso específico (aparente) de um lote de areia de granulometria fina é 1,3 kg/L.

Apliquemos, agora, o conceito ao cimento. Do ponto de vista granular, o cimento é algo como uma areia finíssima. O peso específico de seu grão é de 3 g/cm^3, enquanto o peso específico de cimento solto é 1,5 g/cm^3, ou seja, o seu peso específico aparente é a metade do peso específico do grão de cimento.

Reprisemos

Quanto mais se divide um material, mais se aumenta o seu volume aparente e diminui-se o seu peso específico aparente. Aliás, qualquer dona de casa descobre isso quando são feitas reformas em sua casa. Ao arrebentar um piso, ou derrubar uma parede, o volume de entulho é muito maior que o volume da peça destruída. Concordam?

2.5. Compactação de solos e adensamento

2.5.1. Adensamento

Imaginemos um terreno com alto lençol freático no qual se constrói um sistema drenante nas imediações. Se o lençol freático escoar para esse sistema (coisa que acontece com rapidez em terrenos arenosos e muito lentamente, em terrenos argilosos) o solo sofre um adensamento, uma redução de volume e, portanto, um aumento de seu peso específico.

Adensamento de um solo é, portanto, a consequência da perda de água.

2.5.2. Compactação

Mostra a experiência que um solo adequadamente comprimido (reduzido seu volume pela ocupação dos grãos do solo dos espaços vazios ocupados por ar) tem as seguintes vantagens:
- Recalca menos.
- Aumenta sua impermeabilidade.
- Aumenta sua resistência.

Reduzir o volume de um solo equivale a aumentar o seu peso específico. Para se obter o maior peso específico de um solo (grau ótimo de compactação) é necessário controlar sua umidade, já que sempre há uma umidade ótima para isso (nem muita nem pouca umidade).

Para se obter o máximo de peso específico de um solo, temos duas variáveis de controle:
- A umidade (função de cada tipo de solo).
- A energia de compactação (função dos equipamentos a serem usados).

Consultar os sites da ABNT:
<www.abnt.org.br> e <www.abntcatalogo.com.br> para normas.
Veja o gráfico:

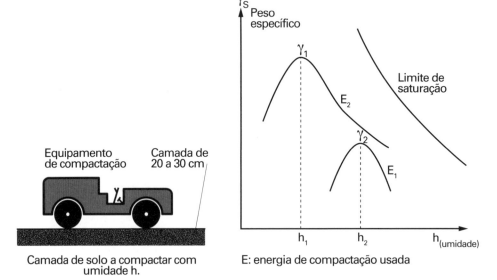

O gráfico nos mostra que um mesmo solo, se tivermos condições de usar grandes energias de compactação (E_2), alcançará sua maior compactação (maior peso específico) com uma umidade h_1. Se o solo tem pouca umidade, corrige-se a umidade adicionando-se água com caminhão pipa.

Se a energia de compactação for menor (E_1), a sua melhor compactação se obteve com a umidade h_2, resultando peso específico γ_1. O objetivo é sempre trabalhar com os maiores pesos específicos permitidos pelas energias (equipamentos) disponíveis na obra.

A compactação de terrenos é usada entre outros:
- na preparação de bases[*] de estradas
- no preparo do terreno para fundação direta
- na construção de barragens de terra

---

[*] Base é a camada intermediária entre o pavimento e o terreno de fundação.

A compactação é feita espalhando-se o solo em camadas horizontais, adicionando-se água, se necessário, por caminhões pipas, e passando-se rolo compactador liso ou pé de carneiro. Se o solo tiver umidade excessiva, antes de ser colocado no seu local definitivo ele é espalhado na área de corte para perda de umidade. Como é mais fácil controlar a adição de água do que secá-lo, normalmente, o solo antes do seu envio ao local definitivo é secado em excesso e corrigido o seu teor de água no local da obra.

Sendo a umidade controlada um fator decisivo para a obtenção do máximo γ, as obras de compactação não podem ser feitas quando chove, pois se perderia o controle da umidade. A espessura de cada camada a compactar varia de 15 a 30 cm. O número de passagem dos equipamentos pelo mesmo trecho não excede 10 vezes. Feito isso, joga-se nova camada, mede-se a sua umidade (que deverá ser inferior, mas próxima à umidade ótima), corrige-se sua umidade e passa-se o equipamento de compactação.

A técnica de compactação que, repete-se mais uma vez, é uma técnica de redução de volume de vazios de ar do solo e é usada para:
- solos arenosos
- solos siltosos
- solos argilosos

Na construção de barragens de terra pode-se usar:
- Solos argilosos (os preferíveis pela sua alta impermeabilidade).
- Solos siltosos, por exemplo, Barragem do Rio Paraibuna no Estado de São Paulo.

A ABNT no seu MB – 33 NBR 7182 padronizou o Ensaio de Proctor que visa determinar a umidade ótica e o peso específico máximo de cada solo.

Em essêncio, o Ensaio de Proctor procura compactar uma amostra de solo em um recipiente de 1.000 cm³ enchido com três camadas sucessivas de solo, cada camada compactada por meio de um soquete de 2,5 kg, corrido de 30 cm de altura. O ensaio é feito para diferentes umidades de solo. Ao final da operação mede-se a altura de solo compactado que resultou dessa operação. O solo que ficar com a menor altura terá o menor volume e, portanto, a maior densidade (peso específico). A umidade que disso resultar, será a umidade ótima.

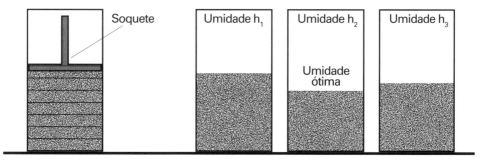

Quando se dispõem na obra de equipamentos de compactação de grande vulto, e dependendo do tipo de obra, para melhor desempenho de compactação existe o Ensaio de Proctor Modificado, adaptado para medir a simulação nessas condições mais enérgicas de compactação.

Atenção

A compactação para ser efetiva tem que ser feita por camadas. Tentar compactar grandes maciços já existentes pela simples passagem de equipamentos na superfície é praticamente inútil. Pela mesma razão é praticamente impossível corrigir um aterro mal compactado.

Definição

Área de empréstimo: ao se construir uma barragem, ao se fazer um aterro, procura-se um terreno que tenha características desejadas (material argiloso, por exemplo). A área que fornece esse solo é a área de empréstimo que, na verdade, deveria chamar-se área de doação, já que o material emprestado não volta mais.

Uma curiosidade

Uma prefeitura do interior, para atrair indústrias, oferecia terrenos grátis, e terreno nivelado. Se o terreno fosse ondulado as máquinas da prefeitura fariam os cortes e os bota-fora. Se o terreno precisasse de aterro a Prefeitura aterrava e compactava. Uma indústria para a qual eu já trabalhei, já estava de posse do terreno e as máquinas da prefeitura iam começar o trabalho quando alertei:
- Aceite o terreno (lógico).
- Aceite a escavação de graça.
- Não aceite o aterro compactado. Seguramente a compactação não será bem feita. E o que fazer com um aterro não controlado?

A indústria aceitou minha ideia e dispensou a Prefeitura de fazer o aterro. Aterros devem ser bem-feitos; é difícil consertar um aterro malfeito.

Observação

- Todo solo quando comprimido (compactado) sofre redução de volume. Quando construímos um alicerce sobre um solo, ele recalcará mais ou menos. Se antes de fazer os alicerces compactarmos o solo, estaremos simulando em curto espaço de tempo o que levaria anos para ocorrer. Então o solo compactado terá muito menos recalque do que teria o solo não compactado (solo algo fofo). Essa é a razão por que, ao se fazer alicerces de pequenas casas, antes de tudo se soca o terreno. Socar o terreno é uma forma do dia a dia para compactar terrenos.

> **Observações**
>
> - Consultar a norma da ABNT NBR 5681 – Controle Tecnológico da Execução de Aterros em Obras de Edificações e as normas NBR 6497 – Levantamento Geotécnico e NBR 8044 – Projeto Geotécnico e as normas citadas nessas normas.
>
> - Aterro – produto de movimento de terra feito pelo ser humano. A natureza não faz aterros.

2.6. Interpretação dos resultados das sondagens à percussão dos terrenos

2.6.1. Introdução

Antes de se decidir pelo tipo de fundação em um terreno, é essencial:
- Visitar o local da obra detectando a eventual existência de alagados, afloramento de rochas etc.
- Visitar obras em andamento nas proximidades vendo as soluções adotadas e obras prontas para verificar defeitos já ocorridos, eventualmente mandar fazer uns poços exploratórios para verificar visualmente o tipo de solo, o nível de água.
- Eventualmente fazer sondagens a trado.
- Mandar fazer sondagens padrões (SPT) no terreno.

Concentremo-nos um pouco mais nesse último procedimento, ou seja, a sondagem geotécnica (a percussão de simples reconhecimento)(SPT). Esse trabalho é feito por empresas especializadas, que realizam sondagens nos pontos e com as profundidades que o engenheiro responsável pela obra decida. Esse número de sondagens e suas profundidades podem sofrer modificações ditadas pelos próprios trabalhos de sondagem em andamento.

Recordemos as normas aplicáveis:
- *NBR 8036*
  Programação de Sondagens de Simples Reconhecimento de Solos para fundações de Edifícios.
- *NBR 6484*
  Execução de Sondagens de Simples Reconhecimento de Solos.

A estimativa do número de sondagens a executar num terreno deve seguir o critério da norma:

As sondagens devem ser no mínimo de uma para cada 200 metros quadrados de área de projeção em planta do edifício até 1.200 metros quadrados de área. Entre 1.200 e 2.400 metros quadrados deve-se fazer uma sondagem para cada 400 metros quadrados que excederem de 1.200 metros quadrados. Acima de 2.400 metros quadrados o número de sondagens deve ser fixado de acordo com o plano particular de construção.

Em qualquer circunstância o número mínimo de sondagens será:
a. Duas para a área de projeção em planta do edifício até 200 m².
b. Três para área entre 200 metros quadrados e 400 metros quadrados.

2.6.2. Os equipamentos de sondagem

As sondagens de percussão de simples reconhecimento consistem em cravar um barrilete amostrador que é uma peça metálica robusta, oca e de ponta bizelada. Esse barrilete, ao ser cravado com um peso que lhe cai em cima, fornece duas informações:

- Número de golpes para entrar no terreno, e informações sobre a resistência das várias camadas do solo.
- Recolhe no seu interior amostra do solo que é encaminhada ao laboratório para ser identificado por exame tátil-visual[*].

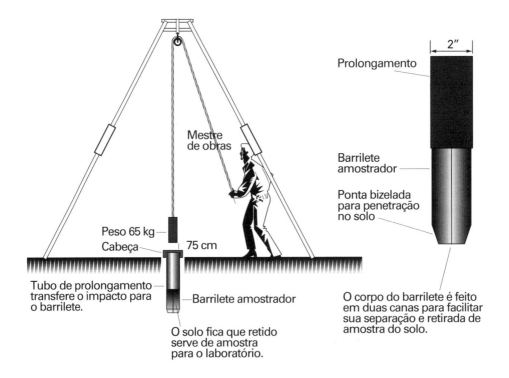

---

[*] Exame tátil-visual. Olha-se e faz-se o material do solo roçar na mão. A experiência e a sensibilidade do examinador aliada a visão, gera a classificação do solo.

Sondagem geotécnica SPT

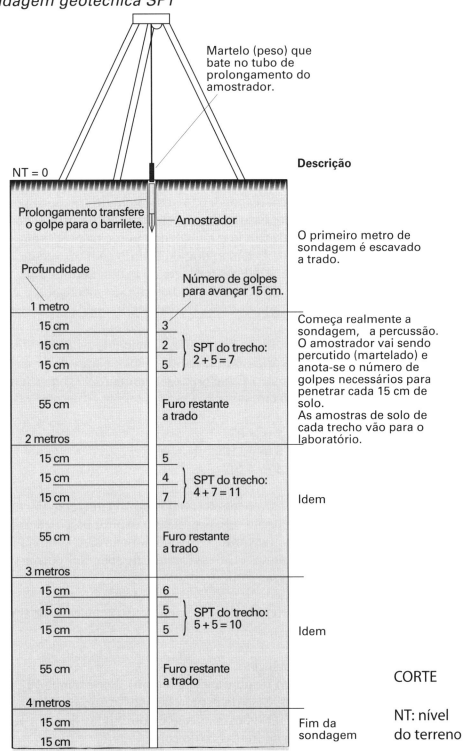

CORTE

NT: nível do terreno

2.6.3. Andamento das sondagens

2.6.4. Primeiras observações

1. Normalmente, o primeiro trecho (0-1 m), não preocupa ou interessa, pois consiste de material vegetal; aterro e as obras de edificação dificilmente se apoiarão nesse solo. O primeiro trecho é escavado a trado manual.

2. A partir de 1 m, começa a cravação do amostrador graças à aplicação do martelo que cai em cima de sua cabeça ou em um tubo de prolongamento.
O amostrador é uma peça tubular oca e de ponta bizelada que vai penetrando no terreno. Ao penetrar no terreno, o trecho oco do amostrador enche com 45 cm de solo correspondendo aos 45 cm do trecho superior do primeiro metro. Após vencer esses 45 cm, o amostrador é retirado do furo, é aberto, e o solo aí retido é retirado e embalado em recipientes e enviado ao laboratório. O mestre de sondagem anota, de acordo com um exame visual, se é solo arenoso, siltoso ou argiloso, fornecendo algum detalhe típico.
O mestre de sondagem também anotou no boletim de sondagem, o número de golpes para vencer cada um dos três trechos de 15 cm de penetração.

3. Com base no boletim de medição de campo, é chamado de SPT (*Standard Penetration Test*) a somatória do número de golpes para vencer os 2° e 3° trechos de 15 cm de cada metro. É desprezado o número de golpes para vencer o primeiro trecho de 15 cm.
Assim:
   - o SPT do trecho de 1 a 2 m é 07.
   - o SPT do trecho de 2 a 3 m é 11.
   - o SPT do trecho de 3 a 4 m é 10.

4. O mestre de sondagem, após vencer os trechos de 15 cm (total 45 cm), com o sondador cravado à percussão, escava a trado espiral os 55 cm faltantes para completar esse metro. Portanto, esses 55 cm não têm anotada sua resistência e não são tiradas amostras desse trecho de solo. Nos outros trechos subsequentes seguem-se essas rotinas.

5. O sondador anota a profundidade do solo onde o furo começa a ter água. É o nível do lençol freático (NA).

6. O fim da sondagem é estabelecido:
   - Pelo cliente (engenheiro responsável pela obra). Por exemplo: 15 m. Um caso dessa limitação é o caso de estudo de construção de adutoras algo rasas. Não interessa saber de camadas mais profundas do solo, pois elas não influirão no estudo de fundação do tubo.

- Pelo encontro de solo muito resistente (SPT > 30). Com SPT > 30 não há mais condição de continuar a penetração. É o que se chama de impenetrável à percussão. Se há necessidade de continuar a sondagem em profundidades maiores, é necessário usar técnicas especiais como, por exemplo, a lavagem).

2.6.5. Observações complementares

1. As amostras de cada trecho do solo são encaminhadas acondicionadas e identificadas ao laboratório da empresa de sondagem.
   No laboratório é feita a identificação tátil-visual, ou seja, não se usam, normalmente, aparelhos ou equipamentos de identificação do solo para o caso em questão (sondagem de simples reconhecimento).
   Apenas pelo aspecto e pelo contato manual, o laboratorista (profissional de nível médio, geólogo ou engenheiro) define o tipo de solo. Para simples confronto, o laboratorista confirma seu parecer com a informação de campo.

2. Veja a importância do trabalho do mestre de sondagem:
   - Ele fornece no seu boletim o número de golpes por camada.
   - Ele é o responsável pelo recolhimento, acondicionamento e identificação inicial das amostras que vão para o laboratório.

   Conclusão: se o trabalho do mestre não for confiável, nada na sondagem será confiável.

3. As empresas de sondagem costumam fixar em 30 dias o período em que guardam as amostras do solo para que o cliente possa ir até o laboratório verificar e testar os resultados do exame tátil-visual.

4. O tempo médio para executar um furo de sondagem é de 2 dias depois da instalação no local.

2.6.6. Um exemplo de folha de resultado de sondagem

Veja, numa folha de sondagem os seus principais elementos:
- Nome da empresa que executou a sondagem.
- Cliente.
- Local.
- Código do trabalho da empresa de sondagem.
- Número do furo no local.
- Cota da boca do furo de sondagem.
- Escala vertical do desenho.
- Data da sondagem.
- Nome do profissional responsável.
- O SPT, metro por metro.

- Nível de água.
- A classificação do material coletado na sondagem e enviado ao laboratório.
- O fim de sondagem. Vemos que a sondagem parou no ponto com SPT = 30. É que a partir desse ponto o solo é duro e fica difícil prosseguir no teste geotécnico.

Consultar sempre as normas da ABNT <www.abnt.org.br>

NBR 6122/96	– Projeto e Execução de Fundações
NBR 6484	– Solo – Sondagens de Simples Reconhecimento dos Solos para Fundações de Edifícios
NBR 6497	– Levantamento Geotécnico
NBR 8036	– Programação de Sondagens de Simples Reconhecimento dos Solos para Fundações de Edifícios
NBR 8044	– Projeto Geotécnico
NBR 9603	– Sondagem a Trado – Procedimentos
NBR 7181	– Solo – Análise Granulométrica

EMPRESA DE SONDAGEM

CÓDIGO DA EMPRESA DE SONDAGEM	CLIENTE: Fábrica de Doces Quero Mais						
	LOCAL: Rua dos Pássaros, n. 38 - São Paulo - SP						
FURO n. 4	COTA DA BOCA DO FURO: 216,371		ESC.: 1/100		DATA: maio/83		RESP.: Eng. José

SPT	NÍVEL DE ÁGUA	PROFUN-DIDADE (M)	MUDANÇA DE CAMADA	PERFIL	CLASSIFICAÇÃO DO MATERIAL POR EXAME TATOVISUAL
		1			Silte arenoso-argiloso com vestígios de matéria orgânica, pouco compacto, marrom-escuro
8		2			Silte argiloso com areia fina, rijo a muito rijo, marrom-claro
12		3			Idem, com pedregulho, rijo a muito rijo
14		4	3,56		Idem, muito rijo
20	Não foi encontrado	5			Areia fina, siltosa com pedregulho, medianamente compacta, marrom
14		6			Idem, medianamente compacta, marrom
26		7			Idem, compacta
21		8			Idem, marrom-claro
18		9	8,53		
14		10			Argila siltosa com areia fina, muito rija, variegada
30		11	10,29		Argila arenosa com silte, muito rija a dura, marrom-clara
		12			LIMITE DA SONDAGEM
		13			
		14			
		15			
		16			
		17			
		18			
		19			
		20			

Nota – Variegada = variada.

2.6.7. Dados para interpretação

A tabela seguinte fornece dados para a interpretação e classificação dos resultados de sondagem.

Solo	Estado	SPT
Compacidade das areias e siltes arenosos	fofa	< 4
	pouco compacta	5-8
	medianamente compacta	9-18
	compacta	19-40
	muito compacta	> 40
Consistência das argilas e siltes argilosos	muito mole	< 2
	mole	3-5
	média	6-10
	rija	11-19
	dura	> 19

Apenas para confrontar, se fizermos uma sondagem em cima de um aterro argiloso bem compactado, o SPT dará entre 10 e 15.

2.6.8. Formas de remuneração de sondagens

As regras de remuneração dos trabalhos de sondagem são:
- Paga-se uma taxa de mobilização para a empresa deslocar o seu pessoal até o local da obra. Essa taxa é em função da distância do local à sede da empresa e da facilidade de acesso, uma vez que haverá equipamentos a serem transportados e seres humanos envolvidos (detalhe inesquecível).
- Paga-se uma taxa de deslocamento de furo para furo de sondagem.
- Paga-se por metro de furo de sondagem.
- Paga-se um mínimo de faturamento por obra.

Todas essas condições são variáveis, em função do mercado fornecedor.

Cada furo de sondagem demanda de um a dois dias de execução, depois de se instalar no local.

2.6.9. Referência adicional

NBR 7250 – Classificação dos solos
NBR 7181 – 1984 – Solo – Análise Granulométrica
Ver <www.abnt.org.br>

2.7. Areias para a construção civil – Como comprar e como usar

A areia é a parte miúda do resultado da desagregação de rochas. Existe também areia artificial da britagem de rochas. Chama-se areia o produto de desagregação das rochas que passa pela peneira de abertura de malha 4,8 mm. É chamada de agregado miúdo. A areia pode ser encontrada:
- Nos rios (portos de areia, as melhores).
- Em minas (areia de cava), as mais baratas, mas cheias de impurezas, necessitando de lavagem para obras de maior responsabilidade.

As areias são divididas em:
- areia grossa: grãos com diâmetros entre 2 a 5 mm
- areia média: grãos com diámetros entre 0,42 a 2 mm
- areia fina: grãos com diâmetros entre 0,05 a 0,42 mm

Pílulas de informação sobre areias

a. O concreto pode usar areia grossa, média ou fina, embora areias finas, com excessivos teores de material pulverulento possam causar sérios danos à qualidade do concreto.

b. A areia de rio, em princípio, não se lava, pois já está lavada. A areia de cava pode exigir lavagem por conter impurezas. Há dois itens para saber se é necessário lavar a areia:
- Se a areia suja a mão, precisa lavar.
- Se pegarmos uma amostra, a lavarmos e a água de lavagem ficar muito turva, devemos lavar todo o lote.

c. A cor branca, avermelhada ou amarelada das areias não é importante. Diz respeito apenas ao tipo da rocha-mãe.

d. Areia escura pode indicar presença de produtos estranhos. Recomenda-se lavar.

e. Para fazer argamassas finas, peneira-se a areia média ou fina, separando-se por peneiramento os grãos maiores. Usar a que passa. O peneiramento pode ser manual. Para argamassa de assentamento de tijolos usa-se areia grossa ou média. Para chapisco usa-se areia fina.

f. Na preparação do concreto há um cuidado especial quanto à umidade da areia. Pelo fato de a areia conter grãos muito pequenos, ela tem muita superfície (área), pois quanto mais se divide uma pedra, cresce ao quadrado a área de todo o lote. A umidade envolvendo a superfície dos grãos de areia pode carregar água para o concreto.

A umidade da brita (pedras maiores) é desprezível, pois a sua área é pequena e não dá para carregar muita água, já areia úmida pode carregar muita água. O que preocupa não é o fato de carregá-la, pois na preparação do concreto seguramente mais água será adicionada. O importante é saber quanto de água a areia traz, para sabermos quanto se adicionará a mais de água.

g. Como se compra areia?

A areia é comprada em volume, medido em número de caminhões de entrega. O ideal é comprar em peso mas, nas obras, não dispõem-se de balanças. Comprando areia em caminhão, como saberemos se a areia está compactada (o caminhão pesando bem) ou se está solta, representando o caminhão cheio uma falsa impressão?

O problema é que no porto de areia o caminhão é enchido e durante o transporte, devido ao movimento e trepidação, a areia se adensa, perde água, ficando o caminhão um pouco vazio; situação contornada pelo peão que, para impressionar o freguês, revolve areia com pá aumentando o seu volume para não gerar conflitos. Quando o caminhão chega na obra com 90% de seu volume ocupado será essa diferença devido à compactação ou devido a um carregamento apenas parcial?

Cruel pergunta! Como chegar a um acordo entre compradores e vendedores? Um colega nosso comprava areia a preço unitário mais caro, desde que a medida do volume de areia fosse feita na obra.

Chegando o caminhão na obra, o volume da areia era medido por imersão com varas, e pagava-se o volume medido. A empresa fornecedora da areia cobrava 10% a mais no preço unitário normal de volume para atender à condição de pagamento pelo volume posto obra.

h. No concreto, a areia e a pedra são chamadas de materiais inertes. São materiais que serão colados para formar artificialmente a pedra-mãe, pois o concreto nada mais é do que pedra + areia colados.

i. No Brasil, a areia é um material comunitário; deixada na calçada da obra, durante a noite seu volume diminui. Aliás o inimigo de toda a obra são as pequenas obras da vizinhança. Alertar, eu alertei!

Nota

- Na região amazônica, por falta de maciços rochosos, é muito difícil (muito caro) achar minas de pedra ou areia.

2.8. Pedras (agregados graúdos) para a construção civil – Como comprar e como usar

Areia (agregado miúdo) é o material de pequena granulometria (menor que 0,5 cm) resultante da fragmentação de rochas. As pedras são as irmãs grandes da areia e o resultado de desagregação de rochas. Seu diâmetro mínimo é da ordem de 0,5 cm.

Quando as pedras originam-se de desagregação natural das rochas, temos os pedregulhos. Quando provêm da desagregação mecânica em pedreira (por britadeiras) temos as britas.

Para a construção de concreto usam-se indiferentemente britas ou pedregulhos.

A partir de agora, chamaremos de pedra, tanto a brita como o pedregulho.

A classificação das pedras é feita pelo seu diâmetro. Essa classificação é algo variável de região para região. Apresentamos a seguir, uma classificação corrente:

Classificação de pedras de acordo com seu diâmetro

Pedras	Tamanho médio de seus grãos (cm)	Observações/Alguns usos
Matacão	> 40	
Pedra de mão	10 a 30	Chamada de rachão. Usada com argamassa e gabião em muros de contenção
5	7,5 a 10	
4	5 a 7,5	Usada em base de pavimento
3	2,5 a 5	Usada em base de pavimento
2	2 a 2,5	Usada em concreto
1	1 a 2	Chamada de cascalho. Usada em concreto
Limite de pedra	0,5 a 1	Pedrisco
Areia grossa	< 0,5	Usada em concreto como agregado miúdo

Observações e informações

a. Na preparação de concreto, há o desejo (e a necessidade) de se procurar obter uma mistura de pedras que resulte na mais compacta possível. Para isso, mistura-se, pelo menos, 2 tipos de pedras (brita 1 e brita 2), uma maior e outra menor para que esta preencha os espaços vazios daquelas. O resto dos vazios será preenchido pela areia e os vazios restantes serão preenchidos pelo cimento molhado.

Mistura de dois tamanhos de pedra
Mistura compacta — desejável

Um só tipo de pedra
Muitos vazios — indesejável

Para determinação expedita da melhor proporção de mistura entre várias pedras com o intuito de se obter a melhor corpacidade (menor quantidade de vazios), pode-se usar o teste das latas (item 2.11 deste livro).

b. Na preparação de concreto não importa se a pedra está ou não úmida, pois a umidade que a brita pode trazer é muito inferior à umidade que a areia pode trazer.

c. A brita misturada (não classificada) é chamada de "bica corrida".

d. A seleção das britas para usar em concreto armado está ligada à limitação de espaço entre as armaduras e entre as formas. Se o espaçamento for grande, podemos usar pedras maiores que a brita 1 e a brita 2. Em concreto ciclópico (baixíssima taxa de armadura), usam-se até matacões (pedras enormes).

Lembra uma velha e sábia regra:
- A dimensão máxima característica do agregado, considerado em sua totalidade, deverá ser menor que 1/4 da menor distância entre as faces da forma e 1/3 da espessura das lajes.
- Nas vigas o espaço livre entre duas barras não deve ser menor que 1,2 vezes a dimensão máxima do agregado nas camadas horizontais e 0,5 vezes a mesma dimensão no plano vertical.

2.9. Como comprar e usar cimento

Cimento é o ligante (cola) universal da construção civil. Molhado, ele inicia reações de pega e endurecimento. Há os cimentos comuns e os cimentos especiais.

O quadro a seguir mostra tudo para cimentos estruturais:

Tipo de cimento Portland	Classe MPa	Norma brasileira NBR	Sigla
Comum	25, 32 e 40	5.732	CP I CP I-S
Composto	25, 32 e 40	11.578	CP II-E CP II-Z CP II-F
Alto forno	25, 32 e 40	5.735	CP III
Pozolâmico	25 e 32	5.732	CP IV
Alta resistência inicial		5.733	CP V ARI
Cimento branco estrutural/não estrutural	25, 32 e 40	12.989	CP B

O cimento é usado principalmente na produção de concreto armado e nas argamassas de fixação e argamassas de revestimento.

Como comprar cimento?

Como o cimento já vem pronto em sacos e com qualidade garantida, não causa muitas discussões a respeito de sua compra. Preço e confiança na entrega são os parâmetros principais.

Pílulas de informações sobre o cimento

a. Estoque o cimento em locais ao abrigo de chuva e sem contato direto com o terreno.

b. Cuidado com a umidade na armazenagem. Como o cimento adora água (é higroscópico), perde a resistência quando molhado. As reações que deveriam acontecer no seu local definitivo podem acontecer na estocagem.

c. Ao receber cimento, estoque-o de forma a não envelhecer na obra. Vá usando o cimento que chegou primeiro.

d. No concreto, que é uma mistura de pedra, areia e cimento molhado, a parte mais fraca é a cola. A pedra vem de rochas de resistência muito maior que a resistência da cola (cimento hidratado). Se o cimento hidratado (cola) é

a parte mais fraca, daria a impressão que, com o cimento CP 32, o máximo de resistência do concreto seria 320 kg/cm^2. Engano. Com o cimento CP 32 pode-se ter concreto com mais resistência do que 320 kg/cm^2 (32 MPa).
Por quê?
É que o valor CP 32 foi fixado para qualificar o cimento usando uma dada mistura de cimento, areia e água. Como na preparação do concreto se usará outra relação entre água, pedra e cimento, outra resistência poderá ter-se com esse cimento.

e. Não é demais repetir que a resistência da mistura de cimento com outros materiais (chamados de inertes) é direta e proporcional à quantidade de água a ser usada. Normalmente, a relação água/cimento varia entre 0,4 a 0,7 (em peso).

f. Na preparação do concreto use sempre misturas a partir de números inteiros de sacos de cimento. Não use frações de sacos de cimento.

g. Há uma tradição em São Paulo, em pequenas obras, que o saco usado de cimento, seja dado ao pessoal da obra. Esse saco tem valor. Cuidado com esse hábito. Às vezes, com o saco de cimento, sai cimento junto.

Referências Bibliográficas

NBR 6118	–	Projeto de Estruturas de Concreto
NBR 14931	–	Execução de Estruturas de Concreto
NBR 5738	–	Moldagem e Cura de Corpos de Prova de Concreto
NBR 5739	–	Ensaio de Compreensão de Corpos de Prova
NBR 7480	–	Aço destinado para Armaduras de Estruturas de Concreto Armado
NBR 7680	–	Extração, Preparo, Ensaio e Análise de Testemunhas de Concreto
NBR 8953	–	Classes de Resistência do Concreto
NBR 12654	–	Controle Tecnológico dos Componentes Concretos
NBR NM67	–	Teste do *Slump* (abatimento)
NBR 7212	–	Execução de concreto dosado em central

Nota

• NM significa Norma Mercosul.

2.10. O concreto – A resistência do concreto – O *fck*, a relação água/cimento, o *slump* e as betoneiras do mercado

2.10.1. A composição do concreto

O concreto é uma mistura de:
- pedras grandes e pequenas
- areia
- cola

A cola mais barata da construção civil é o cimento hidratado (molhado).

O concreto é uma tentativa de reconstrução da pedra natural. Tudo o que aproximar o concreto da pedra natural é bom para ele. As pedras e a areia (inertes) são usadas umas para ocupar os espaços deixados pelas outras e o cimento molhado ligará tudo.

Veja:

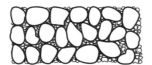

A pedra 1 ocupa os espaços entre as pedras 2.
A areia ocupa os espaços entre as pedras 1, e o cimento hidratado ocupa os últimos espaços disponíveis.

Para se ter um bom concreto é fundamental uma boa mistura de pedra, areia, cimento e água, sempre tendo em vista produzir um produto sem vazios, que serão ocupados pelo ar.

Como se fazer essa mistura? Primeiro pela escolha granulométrica de seus componentes e, segundo pela sua própria qualidade.

Essa mistura pode ser feita[*]:
- No braço (manualmente). Só para pequenas quantidades ou obras de pequeno porte.
- Nas betoneiras de obras.
- Comprando de usina.

Lembremos que, ao comprar concreto de usina, esta é na prática uma betoneira localizada fora da obra. Só isso. As exigências que se fariam para a produção na obra devem ser feitas para a compra de concreto de usina, além das exigências de transporte.

---

[*] Este autor já morou em um sobrado em que o concreto da estrutura foi preparado manualmente, em um prédio de apartamentos, onde o concreto foi produzido na obra em betoneira e em outro prédio onde o concreto estrutural foi comprado de usina concreteira e entregue por caminhão betoneira.

2.10.2. A resistência do concreto – O *fck*

O projeto da obra indica a resistência do concreto desejada.
Normalmente:

- $fck \geqslant 200$ kg/cm^2 = 20 MPa para obras de médio vulto como por exemplo, prédio de apartamentos
- $fck - 250$ kg/cm^2 = 25 MPa, 30MPa para grandes obras de concreto armado.

O que é *fck*? *fck* é uma mensagem, uma ordem do projetista ao construtor. O concreto deve ser tal que, de cada 100 corpos de prova, somente 5 poderão ter resistência à compressão inferior ao *fck* fixado.

A medida de resistência do concreto é feita em corpos de prova (cilindros com 15 cm de diâmetro de base e 30 cm de altura) que são rompidos em prensa depois de 28 dias.

O valor médio (média aritmética) dos valores é chamado *fcj*. O *fcj* é o valor encontrado nas tabelas de traço e corresponde à expectativa de um valor médio aritmético. Como relacionar *fcj* com *fck*?

A dona NBR 12655[*] dá critérios para isso.

$$fcj = fck + (1,65 \cdot S_d)$$

Os valores de S_d são:
- para obras de alto controle

$$S_d = 40 \text{ kg/cm}^2$$

- para obras de bom controle

$$S_d = 55 \text{ kg/cm}^2$$

- para obras de médio controle

$$S_d = 70 \text{ kg/cm}^2$$

O que influi na qualidade do concreto?
- a quantidade de cimento por m^3 de concreto
- a relação água/cimento usada
- os cuidados na preparação, transporte, lançamento, vibração e cura do concreto nas formas

2.10.3. A relação água/cimento

A água é necessária ao concreto para:
- Hidratar o cimento (o cimento hidratado vira cola).
- Dar fluidez, plasticidade e trabalhabilidade ao concreto.

Pouca água, atrapalha; muita água, desanda o concreto. Usa-se, pois, o mínimo de água para as funções indicadas.

---

[*] "Concreto de cimento Portland – preparo, controle e recebimento".

Veja a tabela:

Características do concreto em relação a água		
Relação água/cimento	Litros de água por saco de cimento de 50 kg	Características do concreto resultante
0,35	17,5	Não é concreto, pois com esse teor, não dá para hidratar todo o cimento.
0,40	20,0	Concreto de consistência seca. Difícil trabalhabilidade mas resulta em um concreto bem resistente.
0,55	27,5	Trabalhabilidade média. Boa resistência.
0,65	32,5	Boa trabalhabilidade. Resistência média.
0,75	37,5	Concreto quase fluído. Baixíssima resistência.

2.10.4. O consumo mínimo de cimento

Os teores mínimos de cimento recomendáveis são:
- Para concreto magro (camada de concreto entre o terreno e o concreto estrutural): 100 a 150 kg/m^3.
- Para concreto estrutural: 300 kg/m^3.
- Para concreto exposto a condições agressivas (por exemplo, em contato com água do mar): 350 kg/m^3.

2.10.5. O teste do abatimento do cone – *Slump test*

Para se controlar a trabalhabilidade do concreto e seu teor de água, recomenda-se o teste do abatimento do cone (*slump*).

É um teste fácil e simples que pode ser feito, e deve, na obra. Ele fiscaliza e controla as tendências aguaceiras do mestre de obras que tende sempre a pôr um pouquinho (??) mais de água para facilitar a produção e lançamento do concreto.

Para fazer o teste, molda-se numa forma tronco-cônica (com diâmetro de 10 cm no topo, 20 cm na base e 30 cm de altura) o concreto, formado em três camadas igualmente adensadas cada uma com 25 golpes de barra com 16 mm de diâmetro. Em seguida, coloca-se a forma sobre um tablado, retira-se lentamente a forma e mede-se o abatimento.

Veja:

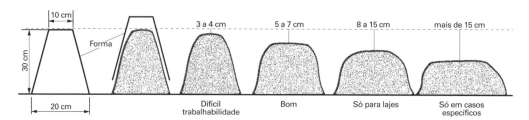

2.10.6. Como escolher o seu *slump*?

Veja:

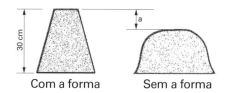

Ver ABNT NBR MS 557 – Norma para o *Slump*

Abatimentos (a) em cm	Usos
4 ± 1	Características: concreto seco, baixo teor de água/cimento. Baixa trabalhabilidade. Uso: concreto em ambiente em contato com água. Uso em sapatas.
5 ± 1	Obras convencionais. Uso geral.
8 ± 2	Concreto de boa trabalhabilidade. Uso: concreto para ser bombeado onde se exige fluidez para o bombeamento.
20 ± 2	É concreto usado, por exemplo, para parede diafragma. Excelente trabalhabilidade. Para se obter esse alto *slump* não se aumenta o teor de água. Procura-se trabalhar com maior porcentagem de agregados finos.

Atenção: Quanto maior o *slump* para uma mesma resistência, mais caro é o concreto.

2.10.7. As betoneiras do mercado

Quando se usa betoneira na preparação do concreto, obtém-se misturas mais homogêneas e produção maior do que a mistura manual.

A desvantagem é o custo da betoneira e sua instalação elétrica. Uma obra com betoneira exige um mínimo de produção para compensar seu uso. Há vários tipos de betoneiras e vários tamanhos.

A seguir, dados sobre betoneiras.

Betoneiras mais comuns	
Capacidade (L)	Potência do motor
320	3,0 cv
500	7,5 cv
600	10,0 cv
750	15,0 cv

Há betoneiras de eixo inclinado (basculante), de eixo horizontal e de eixo vertical.

Há betoneiras com carregadeiras (fazem previamente a carga), sendo, por isso, mais eficientes que as de carregar pela boca.

A capacidade de produção de cada betoneira é parte de seu volume interno. Para betoneiras inclinadas, a capacidade de cada uma é de 70% de sua capacidade interna. Para as de eixo horizontal é da ordem de 35%.

O tempo de mistura na betoneira é da ordem de 1 a 3 min.

A rotação das betoneiras é função de sua capacidade. As menores devem ter maior velocidade de rotação.

As betoneiras basculantes têm a rotação de cerca de 30 rotações por minuto e as de eixo horizontal, 15 rotações por minuto.

Com a betoneira já em funcionamento, a sequência de colocação de material é:
- Parte do agregado graúdo e parte da água (corresponde quase a uma lavagem interna).
- Cimento mais a água que falta e areia.
- Resto dos agregados graúdos.

Ao fim de cada dia, a betoneira deve ser lavada para evitar incrustrações. Deixá-la funcionar com água e pedra ajuda a lavagem (ação de atrito).

Referências Bibliográficas

L'HERMITE, Roberto, *Ao pé do muro*. Eyrolles.
NEVILLE, Adam M., *Propriedades do concreto*. Pini.
PETRUCCI, Eladio G. R., *Concreto de cimento portland*. Rio de Janeiro: Globo.

2.11. Concreto Brasil – Na betoneira ou no braço – O teste das latas

Há o desejo e há a realidade. O desejável é que, na preparação do concreto, considere-se:

- A classe do cimento.
- A granulometria da areia.
- Os tipos de britas a serem usadas (brita 1, brita 2 e outras).
- A umidade da areia no cálculo da relação água/cimento.

Na realidade da pequena construção, pensar nisso é irreal. A areia é a que se tem. A brita nem sempre é classificada.

Não é tão fácil medir a umidade da areia. Às vezes tem betoneira; às vezes o concreto é misturado no braço[*].

Como fazer então um bom concreto? Que resistência esperar dele?

Vamos dar regras práticas para esse concreto bem brasileiro, sem apoio tecnológico, um concreto bem real.

2.11.1. Fórmula mágica

A fórmula mágica é – CAP: 1 : 2 : 3 – Não Esquecer. Relação volumétrica. Isso quer dizer:

- C volume de cimento, cerca de 35 litros que é o volume aparente de saco de 50 kg.
- A volume de areia. Como o volume de cimento é de 35 litros, vamos colocar $2 \times 35 = 70$ litros de areia.
- P volume de brita, ou seja 3×35 L = 105 litros.

2.11.2. Preparação e mistura

Para facilitar a dosagem de areia e pedra, construa a caixa padrão:

---

[*] A velha dona NB 1/78, no seu item 12.3, estabelecia para o concreto amassado na obra que não poderia exceder o volume correspondente a 100 kg de cimento (2 sacos). Ver NBR 12655 e NBR 12654.

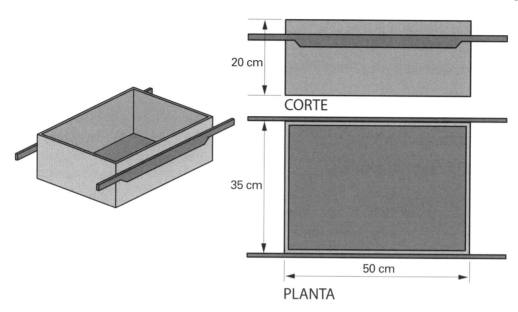

Ou seja, a dosagem – 1 : 2 : 3 é uma dosagem volumétrica, corresponde à:
- 1 saco de cimento
- 2 caixas padrão de areia
- 3 caixas padrão de pedra

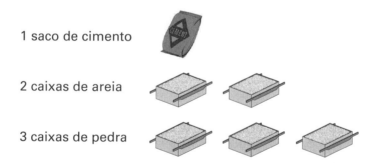

E água?
- para areia seca: 27 litros de água
- para areia pouco úmida (a mais comum): 24 litros de água
- para areia molhada água: 20 litros de água

Como se dá a sequência de colocação dos materiais para a mistura manual?

Sobre uma superfície rígida e impermeável (piso de tábua ou cimentado), coloca-se a areia formando uma camada de 15 cm. Adiciona-se uniformemente o cimento e mistura-se bem. Recomenda-se pá de formato quadrado. Após uma boa mistura (cor homogênea de toda a massa misturada), junta-se a brita (pedra) e mistura-se, outra vez. Só então faz-se um buraco no meio da massa e adiciona-se lentamente a água, não deixando escapar nada. Mistura-se bem até se obter uma massa de visual homogêneo. Usa-se para isso uma pá ou enxada. Se a água usada for de rede pública não há problemas quanto a sua qualidade.

O concreto está pronto. É o concreto Brasil.

Qual a resistência esperada desse concreto?

Não conheço estudos a respeito. Conversando com vários colegas, tenho uma ideia. Esse concreto seria estimado como tendo um *fcj* de 120 a 150 kg/cm².

2.11.3. O teste das latas

Quando há numa obra britas classificadas (n. 1 e n. 2), dá para confiar na informação do vendedor que elas são realmente de brita n. 1 e n. 2?

Não há um processo mais elaborado que demonstre qual é a mistura que resulta em um concreto mais denso (com menor índice de vazios), menos poroso, mais resistente. Para que se descubra um concreto com essas características, existe o teste das latas.

Para se saber a melhor dosagem de pedra n. 1 e n. 2 fazem-se várias misturas diferentes e colocam-se as mesmas em várias latas.

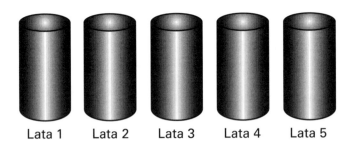

Lata 1   Lata 2   Lata 3   Lata 4   Lata 5

Após, adiciona-se água a cada lata. A lata que transbordar com menos quantidade desse líquido é a mistura com menor índice de vazios. Assim, em vez de especificar uma fórmula de dosagem, uma caixa de brita 1 e uma caixa de brita 2, alteremos essas proporções de acordo com a mistura que resultou mais densa (menor índice de vazios).

2.12. Como comprar concreto de usina (pré-misturado)

2.12.1. Introdução (Ver NBR 7121)

Para obras em que não há espaço para produzir seu concreto, é comum comprá-lo de usina (pré-misturado) e esta é uma tendência dominante em todas as obras. Na central de concreto, os componentes são dosados e lançados no cami-

Manual de Primeiros Socorros do Engenheiro e do Arquiteto

Construções

nhão. Só não é adicionada a água total necessária. Só parte da água é adicionada. E lá vai o caminhão em direção à obra misturando lentamente a areia, a pedra, o cimento e parte da água. A mistura é lenta só para não deixar tudo se depositar no fundo (da ordem de 2 a 5 voltas por minuto).

Quando o caminhão-betoneira chega na obra (e é importante que esta esteja preparada para receber o concreto), adiciona-se a água restante e começa a mistura final.

A rotação do tambor passa a girar de 5 a 16 voltas por minuto e mistura-se durante 5 a 10 minutos. Inicia-se o descarregamento e, em seguida, o transporte interno do concreto em carrinhos, caçambas, esteiras transportadoras ou por bombeamento.

2.12.2. Cuidados na compra de concreto de usina

a. Pedir concreto pelo *fck*. Se na obra vamos produzir concreto visando o *fck*, o compraremos pelo *fck*. A questão do traço é problema da usina de concreto.

b. Fazem-se exigências também pelo tipo de pedra a usar, considerando o espaço entre as armaduras o bombeamento ou não do concreto, ou seja, fixa-se o diâmetro máximo.

c. Deve-se fixar também o abatimento (*slump test*) e, se necessário, o teor de cimento por m^3.

d. O tempo máximo aceitável no transporte do concreto no caminhão-betoneira é de 90 min. Não adianta, pois, comprar concreto de usina muito afastada do local da obra.

e. Você tem certeza de que no local de disposição do concreto não há obstáculos para a chegada do caminhão?
Veja que, a altura livre necessária é de no mínimo 4 metros.

f. A usina pode entregar o caminhão cheio de concreto nas seguintes capacidades: 5, 7, 8 e 10 m^3. A sua obra está capacitada para receber, transportar e lançar todo esse concreto?
As concreteiras não entregam meio caminhão, ou se entregam há um sobrepreço.

g. O maior inimigo da compra de concreto de usina pode ser a pequena obra perto de sua obra. Falei?? De vez em quando lance o concreto do caminhão numa caixa (masseira) adequadamente construída para medir o volume de concreto. A existência de masseira é um alerta de que existe um controle de recebimento da quantidade de concreto.

h. O controle do concreto entregue, aferido por testes em corpos de prova, é um controle de concreto entregue (fim da responsabilidade da usina). Você deve fazer o controle adicional (não mais para a usina) do concreto lançado nas formas. Às vezes, você pode ter um ótimo concreto na porta do canteiro, e um péssimo concreto nas formas por deficiências de transporte e lançamento. Controle pois a qualidade do concreto nas formas, tirando corpos de prova do concreto lançado nelas.

i. Não se esqueça que, mesmo comprando concreto de usina, você poderá precisar de uma betoneira na obra para trabalhos miúdos.

Lembremos a norma brasileira de Concreto Pré-Misturado NBR 7212. Consultar também a norma de recebimento do concreto NBR 12.655.

Referências Bibliográficas

IBRACON, *Concreto dosado em central*.
BAUER, L.A. Falcão; NORONHA, M. A. Azevedo. *Preparo do concreto*
PETRUCCI, Eladio. *Concreto de cimento portland*. Rio de Janeiro: Globo.

2.13. Aços para a construção civil – Como escolher – Cuidados na compra

2.13.1. Generalidades (Ver NBR 7.480/2007)

Os aços para a construção civil de concreto são dos tipos:

Tipos de aço para construção civil				
Categoria	Tensão de escoamento mínimo (kg/cm^2)	Tensão de cálculo f_{yd} (kg/cm^2)	Superfície da barra	Cor de distinção
CA 25	2.500	2.150	liso ou c/nervura	amarela verde
CA 50 A e B	5.000	4.350	c/nervura	branca
CA 60 B	6.000	5.217	c/nervura	azul

A norma não recomenda mais o aço CA 50 B.

2.13.2. Como comprar

a. Pequenas siderúrgicas ainda produzem o aço CA 50 B. O aço A é laminado a quente e o B é produzido a frio a partir de barras do tipo A. O aço B tem horror ao calor.

b. Cuidado com o desbitolamento que pode ocorrer em diâmetros menores. As laminadoras podem estar descalibradas e produzirem um aço com diâmetro maior que o especificado. Se a compra de aço fosse por metro, esse defeito seria absorvido pela laminadora. Como o aço é comprado a quilo, o desbitolamento representa um ônus para o comprador. Às vezes, na compra de grandes lotes, faz-se uma medida dos comprimentos do lote e uma pesagem; o eventual desbitolamento é detectado e, de acordo com o contrato de compra, o prejuízo pode ser repassado à laminadora.

c. Nem todas as laminadoras atendem às exigências da ABNT (NBR 7480) de colocar as cores de distinção nos seus aços.
Cuidado para não comprar gato por lebre.

d. Se os aços mais comuns são CA 25 e CA 50, qual usar? Obras menores usam aço CA 25 e as obras maiores o CA 50.

e. Uma leve ferrugem do aço, em geral, não gera preocupação; há alguns autores que a consideram vantajosa na futura ação atritada concreto × aço. Todavia, é bom bater o aço antes de usar para destacar eventuais carepas soltas.

f. A norma que regula a fabricação e comercialização de aços é a NBR 7480.

g. O aço é vendido em barras com comprimento médio de 11 m.

h. Não custa mandar testar em laboratório a qualidade do aço comprado. Várias obras já tiveram problemas por não fazer o teste.

2.13.3. Para entender o dimensionamento do uso do aço

Digamos que eu tenha que sustentar um peso de 1.400 kg, por um fio de aço. Como escolher a bitola do aço?
Resolvamos esse problema para dois aços: CA 25 e CA 50.
Primeiro usamos um coeficiente de majoração para o esforço (peso).

$$F_d = P \cdot g \qquad F_d = 1.400 \times 1,4 = 1.960 \text{ kg}$$

$$\frac{F_d}{S} = fyd \qquad S = \frac{F_d}{fyd}$$

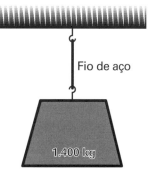

Fio de aço

1.400 kg

Se for o aço CA 25 ($fyd = 2.150$ kg/cm^2)

$$S = \frac{1.960}{2.150} = 0,91 \text{ cm}^2 = \varnothing \ 12,5 \text{ mm}$$

Se for o aço CA 50 ($fyd = 4.350$ kg/cm^2)

$$S = \frac{1.960}{4.350} = 0,45 \text{ cm}^2 = \varnothing \ 8 \text{ mm}$$

Conclusão

Para o mesmo uso (esforço) quanto mais nobre é o aço, menor o diâmetro necessário.

Referência Bibliográfica

NBR 7480/2007, Barras e Fios de Aços Destinados a Armaduras para Concreto Armado, Especificação.

Observação

- Pela Lei Federal Código de Defesa do Consumidor n. 8.078, art. 39 de 11/set./1990, não existindo norma oficial (do poder público) as normas da ABNT, todas elas, são de seguimento obrigatório.

2.14. Como fazer uma concretagem (ou como exigir que o empreiteiro a faça)

Listam-se a seguir providências e rotinas para fazer, ou controlar, a concretagem de uma obra convencional, com produção de concreto na própria obra.

2.14.1. Cimento

O cimento em recipiente deverá ser recebido com o acondicionamento original da fábrica, devidamente identificado com a classe do cimento, o seu peso líquido, e a marca da fábrica.

Os sacos deverão estar em perfeito estado de conservação. Na obra não deve entrar cimento em saco rasgado.

O cimento a granel deverá ser transportado em veículo especial para este fim. O fabricante deverá enviar, acompanhando cada partida, um certificado indicando o tipo e a marca do cimento, assim como o peso do carregamento.

O cimento será estocado, protegido de chuvas ou umidade do terreno, e seu uso será feito na ordem de chegada, prevenindo o seu envelhecimento na obra.

2.14.2. Agregado miúdo (areia)

O agregado miúdo para concreto deverá ser a areia natural quartzosa, ou uma mistura de areia natural e areia artificial, resultante do britamento de rochas estáveis. Cuidado com teor excessivo de pó de areia. Em caso de dúvida, solicitar análise.

2.14.3. Armazenamento dos agregados

Os diferentes agregados deverão ser armazenados em compartimentos separados, impossibilitando que se misturem os diferentes tamanhos. Igualmente, deverão ser tomadas precauções de modo a evitar mistura com materiais estranhos que possam prejudicar sua qualidade.

Agregados de dimensões diferentes misturados, só podem ser aproveitados se forem peneirados para manterem os limites de granulometria especificados. Os agregados que sofrem contaminação com material estranho só poderão ser aproveitados se forem devidamente lavados.

Os agregados grandes que estiverem cobertos de pó ou de materiais estranhos, e que não satisfaçam às condições mínimas de limpeza deverão ser novamente lavados ou então rejeitados.

2.14.4. Mistura e amassamento de concreto

A mistura e o amassamento poderão ser efetuados de 3 modos:
* Mistura pronta fornecida por empresa especializada.
* Mistura de concreto em betoneira na obra.
* Mistura manual para volumes inferiores a dois sacos de cimento.

Não serão permitidas misturas na obra com frações de sacos de cimento.

2.14.5. Transporte de concreto[*]

O transporte do concreto do local de mistura para o de lançamento deverá ser feito no prazo máximo de 30 minutos entre o momento em que se adiciona a água à mistura e o momento do lançamento.

O meio de transporte deve ser tal que não produza segregação dos elementos. Devem ser cobertos, com a finalidade de proteger o concreto de chuvas e outras contaminações.

---

[*] A partir deste item, tanto faz que o concreto seja de concreteira ou de produção local.

Quando são usados carrinhos, deve-se dar preferência aos que tenham roda de borracha. Os carrinhos com roda metálica trepidam muito e podem segregar, no transporte, os agregados do concreto.

2.14.6. Preparação das formas

Antes do início da concretagem, as formas deverão ser molhadas até a saturação. Para permitir a drenagem do excesso de água, deverão ser deixadas aberturas que serão tampadas depois.

Todas as formas deverão ser inspecionadas para verificação de seu estado de limpeza, e deverão ser removidos todos os elementos estranhos como: terra, lascas de madeira, pregos etc.

Fendas ou aberturas nas formas, com mais de 3 mm de largura, através das quais poderá haver vazamento de argamassa, deverão ser preenchidas (aberturas até 3 mm em formas de madeira não necessitam de fechamento devido ao inchamento quando for molhada). Fendas com largura de 4 a 10 mm deverão ser calafetadas com estopa enrolada, ou qualquer outro material equivalente. As fendas com mais de 10 mm de abertura deverão ser fechadas com tiras de madeira.

Nas juntas de concretagem, para garantir uma perfeita aderência entre a superfície de concreto já seco e o novo concreto a ser lançado, deverá ser executada uma limpeza cuidadosa de superfície, de modo a remover a nata de cimento e todo o material estranho que se depositar sobre ela. A nata poderá ser removida por meio de um jato de água de alta velocidade ou por meio de escovas de aço ou, ainda, por meio de picotagem com ponteiro e martelo. O lançamento de concreto em blocos de fundação deverá, sempre, ser feito sobre uma camada previamente executada de concreto magro[*] de 5 cm de espessura.

2.14.7. Lançamento

Entre o tempo final do amassamento e o lançamento nas formas não deve decorrer mais que 30 minutos, ou no máximo 1 hora.

Não se usa concreto reamassado.

Procure evitar desníveis entre o local de chegada do transporte do concreto e o ponto de lançamento nas formas. Limite essa altura a um metro.

Se houver maior desnível fica proibido jogar o concreto a não ser que se usem:
- calhas (se possível com vibrador acoplado)
- trombas
- tubos

---

[*] O concreto magro é um concreto de baixo teor de cimento, que é colocado entre o terreno natural e o início do concreto estrutural.

No caso de trombas e tubos o lançamento será feito de maneira que esses condutores estejam sempre cheios, evitando-se choques no lançamento. No caso de tubos, o seu diâmetro mínimo será 5 vezes o tamanho do maior agregado.

Se existir um plano de concretagem que já preveja os pontos de interrupção de concretagem, esse plano deverá ser seguido.

2.14.8. Adensamento – Vibração

Todo o concreto lançado nas formas deverá ser vibrado de forma a reduzir os seus vazios expulsando o ar e tornar mais densa a sua mistura.

Esse adensamento poderá ser feito por:
- adensamento manual (soquetes)
- adensamento mecânico (vibradores)

O limite da ação do adensamento é quando aparece na superfície do concreto, uma camada leve de "finos" do concreto.

O adensamento manual será feito por vibrações nas formas e por uso de soquetes diretamente na massa de concreto, adensando-se camadas de até 15 cm, no máximo 20 cm.

O adensamento mecânico é feito por vibradores, tanto internos (imersos na mistura), como externos (instalados nas formas).

É recomendável não deixar os vibradores se aproximarem demasiadamente das paredes das formas. Como cautela manter afastado o vibrador desses pontos a uma distância igual a de seu diâmetro.

A vibração das camadas, quando estas forem lançadas sobre superfícies inclinadas, deverá ser iniciada pelas partes inferiores.

A vibração de uma segunda camada deverá ser tal que esteja costurada com a camada inferior. Consegue-se isso com a vibração adequada da camada superior de modo que o vibrador penetre pelo seu próprio peso na camada inferior, "costurando-as".

2.14.9. Cura do concreto

A cura do concreto é feita para impedir a evaporação de água da mistura, causada por ação solar ou ventos.

A cura se desenvolverá por 7 dias, no mínimo.

Poderão ser usados os seguintes métodos de cura:
- Irrigação periódica das superfícies e das formas.
- Cobertura com areia molhada.
- Recobrimento com papéis impermeáveis, presos às formas e que impedem a passagem de ar.

2.14.10. Descimbramento (retirada de formas e escoramentos)

O descimbramento deverá ser feito de maneira que não gere esforços na estrutura para as quais ela não foi projetada. Se existir, seguir o plano de descimbramento previsto pelo projetista.

Para o descimbramento poderão ser usadas:
- caixas de areia
- cunhas

Os prazos de desforma devem atender numa primeira análise à antigas práticas.
- Faces laterais: 3 dias.
- Faces inferiores: deixando-se pontaletes bem encunhadas e convenientemente espaçadas – 14 dias.
- Faces inferiores sem pontaletes: 21 dias.

2.14.11. Será que o concreto está bom?

Durante a concretagem, fazer o controle da mesma.[*]

Consultar as normas da ABNT
NBR 12655/2006 – Concreto de Cimento Portland – Preparo, Controle Recebimento
NBR 6118/2003 – Projeto das Estruturas de Concreto – Procedimento
NBR 7212 – Execução de Concreto Dosado em Central – Especificação
NBR NM 67/1998 – Determinação de Consistência pelo Abatimento do Tronco de Cone
NM – Norma Mercosul

2.15. Vamos preparar argamassas?

2.15.1. Introdução

Argamassas são misturas de um produto inerte (areia, regra geral) e uma cola (aglutinante) que, em geral, é cal ou cimento hidratado. Usa-se também argila com areia.

As argamassas são usadas para:
- Juntar elementos estruturais (assentamento de tijolos).
- Revestir paredes, dando uma ligação geral, preenchendo os poros, dando aspereza a superfícies lisas e preparando-as para a pintura.
- Também ajudam a aplainar irregularidades das paredes.

---

[*] Acreditamos que seria útil um sistema de controle ainda mais simples para obras de menor vulto, mas desconhecemos estudos que deem critérios para isso.

- Em regiões onde impera o barbeiro (transmissor do Mal de Chagas) o revestimento eficiente impede o abrigo desses insetos, tendo, portanto, uma função sanitária[*].
- Dão melhor condição de revestimento térmico às paredes envolventes de edificações.

2.15.2. Vantagens, desvantagens e uso de cada argamassa

1. *Cimento e areia*
   É a mais resistente das argamassas, mas é a menos plástica e a mais cara das argamassas. Face à retração do cimento, pode dar trincas.

2. *Cal e areia*
   É a mais plástica das argamassas. É menos resistente.

3. *Cal, areia e cimento*
   É a chamada mistura bastarda. É de uso geral. O cimento é usado em pequena proporção, apenas para dar mais resistência.

4. *Argila com areia*
   É usada para pequenas obras. Essa mistura junta as qualidades das duas argamassas anteriores e é chamada de saibro.
   Lembremos que existem casas e sobrados de até 3 pavimentos sustentados por paredes de tijolos rejuntados com barro.

5. O quadro a seguir dá os principais usos de argamassas:

Tipo de argamassa	Composição
Argamassa resistente para assentamento de tijolo	Areia grossa. A mistura será a bastarda: 1 cal, 4 areia e 12 cimento, ou seja para cada 12 partes de argamassa cal/areia (1:4) uma parte de cimento.
Argamassa de revestimento interno	Argamassa de cal. Areia média ou fina ou peneiradas. 1 cal: 4 de areia.
Argamassa de revestimento externo	Mistura bastarda 1:4 para 12.
Argamassa de resistência muito grande ou ambiente úmidos (partes enterradas)	Cimento e areia de 1:5 a 1:10 a partir de 1:6 difícil trabalhabilidade.

---

[*] Um livro de construção civil, escrito no Brasil, não pode deixar de dar esse alerta. Ou pode?

2.15.3. Exemplo de aplicação – Revestimento em 3 camadas sobre parede de alvenaria

1. *Chapisco*
   É a primeira camada. É feito com areia grossa e cimento[*] (1:4 ou 1:5). Tem a função de dar aderência à parede, penetra nos tijolos, fecha poros, uniformiza e dá aspereza à superfície. Deve ser uma mistura bem úmida, lançada (jogada) sobre a parede. Cai muito no chão e se o mesmo for revestido é possível recolher e imediatamente colocar na caixa de mistura. Bater e jogar outra vez com rapidez, pois o cimento já está hidratado. Antes da próxima camada (emboço), lançam-se as mestras, que são ripas verticais distantes de 1,5 a 2 m e que servirão como guias para correr a régua que planificará o emboço.

2. *Emboço*
   É a segunda camada, lançada depois de algumas horas. Serve para regularização geométrica (aplainamento). É no emboço que se acertam as irregularidades das paredes.
   - revestimento interno: cal e areia
   - revestimento externo: mistura bastarda (1:4 para 12)

3. *Reboco*
   É a terceira e última camada, em que deve-se usar areia fina e cal, em mistura bem rica (1:3, 1:4). Não usar cimento, pois pode trincar (devido à retração) ou vidrar a superfície, atrapalhando a futura pintura.

2.15.4. Pílulas de informações

1. Para argamassas de cal, prepara-se a mistura de cal, areia e pouca água. Mistura-se à mão ou em betoneira. Deixa-se descansar 24 horas, no mínimo. Na hora de aplicar, coloca-se a água complementar e bate-se a massa. Ela terá então grande trabalhabilidade (é facilmente moldável). Se formos acrescentar cimento, isso só deverá ser feito na última hora.

2. Quando, no local de aplicação de argamassa, o piso for revestido (com tábuas, papel ou cimentado), deve-se recolher a massa que cai no chão. Coloca-se essa massa na caixa do pedreiro, bate-se e reusa-se. Isso só é válido se não passar muito tempo (mais de 1 hora).

3. Não menosprezemos a importância de argamassa de construção em paredes de alvenaria de prédios de concreto armado. A contribuição de resistência que uma parede, travada à estrutura, dá ao prédio é significativa.

---

[*] A razão de usar cimento é que este é muito melhor cola que a cal, e essa primeira camada é crítica e fundamental.

4. O processo de pega da cal (endurecimento) é lento (mais de 5 dias), devido à presença de gás carbônico (CO_2) na atmosfera. A cal reage com o gás carbônico da umidade dando:

$$Ca\,(OH_2) + CO_2 \longrightarrow Ca\,CO_3 + H_2O$$

5. Em qualquer argamassa a água deve ser utilizada na menor quantidade possível para dar a trabalhabilidade.

6. As superfícies a receber as argamassas devem ser molhadas regiamente para não absorverem a água da argamassa.

2.16. Madeiras do Brasil – Como bem usá-las[*]

2.16.1. Comercialização

Normalmente, a madeira é comercializada no varejo em unidades, por metro linear. O comprador deverá especificar as dimensões das peças necessárias, obedecendo o roteiro a seguir.

Para casos de grandes quantidades a unidade comercial passa a ser metros cúbicos.

2.16.2. Madeira serrada e beneficiada – Padronização recomendada – Objetivo

1. A nomenclatura mais comum de peças de madeira serrada e os padrões de dimensões (bitolas) desta e de madeira beneficiada, de acordo com o aproveitamento racional da matéria-prima é:

   I. Nomenclatura de peças de madeira serrada

Nome da peça	Espessura em cm	Largura em cm
Pranchões	> 7,0	> 20,0
Prancha	4,0-7,0	> 20,0
Viga	> 4,0	11,0-20,0
Vigota	4,0-8,0	8,0-11,0
Caibro	4,0-8,0	5,0-8,0
Tábua	1,0-4,0	> 10,0
Sarrafão	2,0-4,0	2,0-10,0
Ripa	< 2,0	< 10,0

[*] Texto de autoria do Eng. Edmundo Callia Jr.

II. Dimensões de madeira serrada

	Dimensões da seção transversal em cm
Pranchão	15,0 x 23,0
Pranchão	10,0 x 20,0
Pranchão	7,5 x 23,0
Vigas	15,0 x 15,0
Vigas	7,5 x 15,0
Vigas	7,5 x 11,5
Vigas	5,0 x 20,0
Vigas	5,0 x 15,0
Caibros	7,5 x 7,5
Caibros	7,5 x 5,0
Caibros	5,0 x 7,0
Caibros	5,0 x 6,0
Sarrafos	3,8 x 7,5
Sarrafos	2,2 x 7,5
Tábuas	2,5 x 23,0
Tábuas	2,5 x 15,0
Tábuas	2,5 x 11,5
Ripas	1,2 x 5,0

III. Dimensões da madeira beneficiada

	Dimensões da seção transversal em cm
Soalho	2,0 x 10,0
Forro	1,0 x 10,0
Batentes	4,5 x 14,5
Rodapé	1,5 x 15,0
Rodapé	1,5 x 10,0
Tacos	2,0 x 2,1

2. São admitidas as seguintes tolerâncias nas dimensões da seção transversal:
   - em madeira serrada: 1%
   - em madeira beneficiada: 0,5%

3. Os comprimentos serão definidos por ocasião da encomenda ou do pedido de cotação.

2.16.3. Qualidades e defeitos das madeiras

A madeira para construção apresenta uma série de defeitos que, às vezes, prejudicam a resistência, durabilidade e aspecto. Esses defeitos podem surgir da própria formação do tronco ou durante o preparo, corte e secagem da madeira.

a. *Nós* – Imperfeição nos pontos do tronco onde existiam galhos que, vivos na época do abate, geram os nós firmes, quando mortos geram os nós soltos. Nesses pontos existe uma diminuição da resistência à tração.

b. *Rachas e Fendas* – As fendas ocorrem no sentido radial e perpendicularmente aos anéis de crescimento, ou longitudinalmente, sendo essas desprezíveis. As rachas que ocorrem paralelamente aos anéis de crescimento, são causadas por secagem inadequada. A superfície seca mais rapidamente que o interior.

c. *Empenamento* – Podem ocorrer no sentido da largura da peça bem como no sentido do comprimento. Causadas por secagem inadequada.

d. *Bolor* – Descoloração da peça pela ação de fungos; pode ser início de deteriorização.

e. *Furos de insetos* – Furos provocados pelo ataque de larvas ou insetos.

f. *Apodrecimento* – Deterioração acentuada da madeira, geralmente por causa de fungos e cogumelos. As peças estruturais de madeira são em geral classificadas em 3 categorias.

Categorias das madeiras

As peças estruturais de madeira são, em geral, classificadas em três categorias:

- *Primeira categoria*: madeira de qualidade excepcional, sem nós, retilínea e quase isenta de defeitos.
- *Segunda categoria*: madeira de qualidade boa com pequena incidência de nós firmes e outros defeitos.
- *Terceira categoria*: madeira com nós em ambas as faces, de qualidade inferior.

2.16.4. Características estruturais das madeiras

Nome vulgar	γ Peso específico kg/cm³	σ_{cn} Compressão normal às fibras kg/cm²	σ_c Compressão simples kg/cm²	σ_{fl} Flexão kg/cm²	τ Cisalhamento kg/cm²
Acapu	910	39	130	180	13
Amendoim	770	23	79	126	12,6
Argelim-vermelho (rosa)	810	30	100	179	13
Andiroba	720	22	75	118	9,8
Angico-vermelho	850	23	78	130	13,9
Aroeira do sertão	1.190	41	139	202	18
Canafístula	870	25	84	134	12
Cabreúva-vermelha	950	36	121	178	18,4
Coração de negro	990	30	102	172	16
Faveiro	940	38	129	190	13
Guarantã	960	37	125	217	19
Gonçalo-Alves	910	38	126	181	19
Ipê-roxo	960	41	138	231	14,5
Ipê-preto	960	41	138	231	14,5
Ipê-tabaco (amarelo)	1.030	37	124	219	13,4
Itaúba	960	35	117	179	12,3
Jatobá	1.020	41	139	229	20,6
Maçaranduba	1.000	36	122	178	13
Pau-roxo	1.130	49	165	226	20,6
Pau-marfim	840	26	89	160	13,3
Peroba-rosa	790	25	84	134	12
Pequiá	930	33	112	173	13,2
Sapucaia-vermelha	880	26	87	155	12,3
Sucupira	990	38	127	191	15
Taiuva	888	40	136	211	16,8
Tanibuca	880	33	110	191	13,8

Observação

- O valor de σ (compressão simples) é igual ao valor para a tração.

2.16.5. Detalhes de ligações, flechas, ligação com pregos

a. Na falta de experiências com os materiais a serem usados, o esforço admissível em pregos com penetração na peça, do lado da ponta, de, pelo menos, 2/3 de seu comprimento total, poderá ser calculado pela fórmula:
$F = Kd^{3/2}$
sendo d o diâmetro do prego em milímetros e F em kgf
- $K = 4{,}5$ para madeira com peso específico $< 0{,}65$
- $K = 7{,}5$ para madeira com peso específico $> 0{,}65$

b. Nos casos de madeira verde, F deve ser reduzido para 75% desse valor. Em estruturas provisórias, permite-se um acréscimo de 50%. Nos casos de pregação de topo, F deve ser reduzido para 60%.

c. Quando não for feito um furo prévio com ferramenta apropriada, recomenda-se que o diâmetro do prego não exceda de 1/6 da espessura da tábua menos espessa. Essas regras aplicam-se apenas aos casos em que não haja mais de 10 pregos numa mesma linha paralela ao esforço e em que os espaçamentos dos pregos sejam pelos menos: 10 δ na direção das fibras; 5 δ normalmente às fibras; 5 δ em relação às arestas, menos do lado comprimido em que esta distância não deverá ser inferior a 12 δ.

Diâmetros mínimos de pinos ou parafusos
O diâmetro mínimo dos parafusos ou pinos será de 16 mm nos elementos principais das pontes e de 9 mm nos demais casos.

Espaçamento dos parafusos
a. O espaçamento mínimo entre os centros de dois parafusos situados em uma mesma linha paralela à direção das fibras deve ser de quatro vezes o seu diâmetro; a distância mínima do centro do último parafuso à extremidade da peça deve ser de sete vezes o diâmetro, em peças tracionadas; e quatro vezes o diâmetro em peças comprimidas.

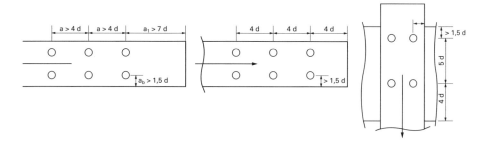

b. A distância mínima do centro de qualquer parafuso à aresta lateral da peça, medida perpendicularmente às fibras, será de uma e meia vezes o seu diâmetro, quando o esforço transmitido for paralelo às fibras. Quando o esforço for normal às fibras, esse limite será elevado, no lado comprimido, para quatro vezes o diâmetro.

Flechas admissíveis

a. Além das condições relativas às tensões admissíveis, devem as estruturas de madeira obedecer ao disposto neste artigo, relativamente às flechas admissíveis. As flechas serão calculadas sem levar em conta as deformações e as reduções de seção das ligações. No cálculo das flechas devidas à carga permanente, considerar-se-á um módulo de elasticidade igual a 2/3 do módulo de elasticidade da madeira verde.

b. As flechas assim calculadas no meio dos vãos não deverão ultrapassar o seguinte valor:

$$\frac{\ell}{350}$$

2.16.6. Valorização da madeira

A madeira é o mais belo material de construção natural encontrado na terra. Suas características de desenho, pigmentação, coloração e perfume devem ser, sempre que possível, preservadas e aproveitadas, tirando-se partido na sua integração com a obra. É um material nobre que valoriza sobremaneira o local onde é aplicado.

Deve-se, no máximo, envernizá-la evitando-se a pintura colorida que esconde completamente o material, vulgarizando-o.

2.16.7. Usos e aplicações das essências

Segue abaixo relação de essências e sua utilização mais comum:

I. Postes, postes moirões estacas, esteios, cruzetas, dormentes.

Essências

- Acapu
- Acariquara
- Angelim-vermelho
- Aroeira do Sertão
- Coração de Negro
- Cumaru
- Faveiro
- Guarantã
- Ipê

- Itaúba
- Itaubarante
- Macaúba
- Maçaranduba
- Pau-roxo
- Sucupira
- Taiuva
- Tabajuba

Observação

- Exceção Sucupira-amarela e Sucupira-vermelha.

II. Vigas, caibros, ripas
   Essências
   - Amendoim
   - Andiroba
   - Angico-branco
   - Angico-cambui
   - Angico-vermelho
   - Canafístula
   - Gonçalo Alves
   - Jatobá
   - Pau-amarelo
   - Peroba
   - Piquiá
   - Sucupira
   - Tanibuca

Observação
- Todos os citados no Grupo I podem ser utilizados para o grupo II.

III. Assoalhos
   Essências
   - Angelim
   - Pequiá
   - Sapucaia
   - Pau-marfim
   - Imbuia

Observação
- Todos os citados no grupo I também podem ser utilizados.

IV. Forro
   Essências
   - Amendoim
   - Andiroba
   - Angico-branco
   - Canafístula
   - Carvalho brasileiro
   - (Louro-faia)
   - Castanheira
   - Cedro
   - Cerejeira
   - Freijó
   - Imbuia
   - Pau-amarelo
   - Pau-marfim
   - Vinhático
   - Pinus eliotís

V. Construções navais
   Essências
   - Acapu
   - Angelim-pedra
     (Dinizia Excelcia)
   - Cabreúva-vermelha
   - Cumarú
   - Ipê-tabaco
   - Maçaranduba
   - Acariquara
   - Combarú
   - Ipê-preto
   - Itaúba
   - Sapucaia-vermelha
   - Tatajuba

2.16.8. Madeiras nacionais – Fontes de consulta

O boletim n. 31 do IPT*, editado em 1956, resume um estudo de madeiras nacionais que vem sendo realizado a partir de 1931. Os resultados são obtidos de corpos de prova extraídos de 300 toras de diversas madeiras brasileiras.

Esse boletim nos apresenta uma tabela-resumo com todas as espécies ensaiadas e apresentadas em ordem decrescente de massa específica aparente, contendo a nomenclatura (vulgar, científica e comercial), proveniência, características físicas e mecânicas. Em 1971, segundo publicação n. 798, temos a documentação de mais 25 madeiras da Amazônia de valor comercial quanto a sua estrutura anatômica e características físicas e mecânicas até pouco tempo desconhecidas.

Em 1983 o IPT publicou, na série Publicações Especiais n. 1.226, o Manual de identificação das principais Madeiras Comerciais Brasileiras.

Portanto, as publicações acima poderão fornecer com inigualável abundância, dados referentes a diversas essências nacionais, sendo de fácil acesso ao profissional.

2.17. Drenagem profunda (subsuperficial) de solos

As águas de chuva quando caem nos terrenos podem:
- Escoar superficialmente no solo até chegar aos córregos, arroios, regatos e rios, ou
- Penetrar no solo formando e alimentando o lençol freático.

As águas que escoam superficialmente, dependendo de sua intensidade e duração, são responsáveis por alagamentos urbanos, inundações locais e até as grandes inundações dos rios.

As águas que penetram no solo formando o lençol freático escoarão subterraneamente indo, mais tarde, alimentar por olhos de água (pequenas eflorescências hídricas) os cursos de água de todo o porte.

Estas águas que penetram no solo:
- Hidratam as árvores e plantas em geral.
- Podem ser retiradas do solo por meio de vários tipos de poços, sejam os poços domiciliares (pequena profundidade) ou os poços profundos (média e grande profundidade).
- Sustentam as vazões dos rios, principalmente nas épocas das secas, quando não existe escoamento superficial por falta de chuvas.

---

* IPT – Instituto de Pequisas Tecnológicas – ver <www.ipt.br>

Construções

No livro *Águas de chuva*, deste autor, estudamos várias técnicas para controle e administração das águas pluviais nas cidades antes das mesmas penetrarem no solo. É a chamada drenagem superficial.

Neste capítulo do livro *Manual de Primeiros Socorros do Engenheiro e do Arquiteto* Vol. 1 estudaremos o gerenciamento das águas profundas (drenagem profunda), ou seja, aquelas que penetram no solo para que não prejudiquem muros de arrimo, campos de futebol e não agravem estabilidade de taludes.

As técnicas de irrigação, ao contrário, procuram dotar o solo de águas profundas aumentando o nível do lençol freático principalmente tendo em vista usos agrícolas.

Agora tomemos cuidado com as terminologias usadas nesta matéria. São sinônimos:

drenagem profunda = drenagem subterrânea = drenagem subsuperficial.

Escolher um nome é uma questão de gosto pessoal. Usaremos a denominação drenagem profunda para essa retirada de águas do solo e tendo em vista secar o terreno.

2.17.1 Água no solo – Uso da drenagem profunda (subsuperficial)

Excluindo-se o uso agrícola, a água no solo:
1) Em estradas pavimentadas, se o lençol freático for alto, pode causar o problema de enfraquecimento do solo suporte do pavimento e com isso gerar danos a esse pavimento quando da passagem do tráfego.
2) Em muros de arrimo, terrenos úmidos são menos resistentes e muito mais pesados que os terrenos secos, ou seja, terrenos com alto teor de água aumentam os esforços sobre a estrutura de contenção e diminuem a capacidade resistente.
3) Em taludes, a estabilidade do terreno é maior se o terreno se mantiver seco.
4) Em campos de esportes ao ar livre, o lençol freático alto dificulta, ou mesmo pode impedir, o uso desse terreno devido ao surgimento de poças de água e pela diminuição de sua resistência, com a possibilidade de grandes escorregões.
5) Em estradas de terra a passagem de carros em terrenos úmidos destrói a forma do terreno e atola os carros, principalmente em solos argilosos.

Para todos esses cinco casos há vantagens em retirar água do solo e podemos usar técnicas chamadas de drenagem profunda (drenagem subsuperficial) mesmo que a água a retirar esteja a cerca de um metro de profundidade.

Vejamos agora, para várias obras, os detalhes do tipo de drenagem profunda adequados.

2.17.1.1. Drenagem de estradas pavimentadas

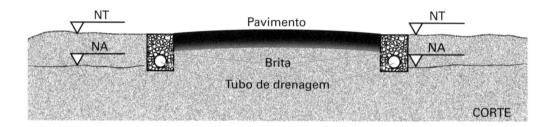

2.17.1.2. Drenagem de grandes áreas

O alto nível do lençol freático impede o uso de uma gleba e para viabilizar seu uso precisamos secar (drenar) o terreno. Desde tempo imemoriais o homem tem aberto canais (valetas) de drenagem permitindo que, com facilidade, a água do lençol freático seja drenada para esses canais.

Claro que a eficiência dessa drenagem profunda depende:
- Da extensão da área.
- Da geologia do terreno (solos arenosos são mais drenáveis que solos argilosos).
- Do número de valetas e seus distanciamentos.

Veja:

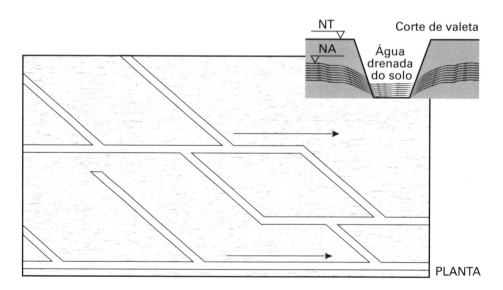

A abertura de valetas de drenagem no terreno retira a água do solo e acaba com as lagoas e outras concentrações de água superficial.

O uso de valetas de drenagem permite:
- Melhorar o terreno para várias práticas agrícolas.
- Se o terreno for usado por estradas sem pavimentação, as valetas eliminam ou reduzem as poças de água e permitem um melhor uso da estrada.
- Tornar mais salubre a região, pois as poças de água propiciam a criação de mosquitos. Os canais de Santos, SP tiveram o objetivo de secar áreas eliminando os mosquitos transmissores de várias enfermidades.

Mas as valetas constituem um obstáculo físico quanto a circulação de pessoas e meios de transporte. Surgiu, então, a ideia de cobrir as valetas de drenagem. Descobriu-se que colocando troncos de árvore no espaço da valeta cobrindo depois com terra, a parte superior dessa valeta, a função drenante continuava e não mais existia a saliência da valeta. Veja:

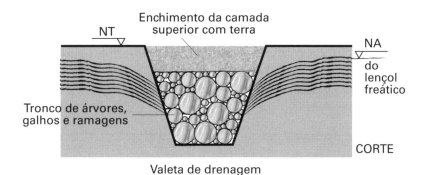

Valeta de drenagem

Com o tempo, o material vegetal se decompõe, mas seus restos deixam algum espaço vazio e a valeta continua, de alguma forma, a drenar a água do terreno.

Em vários locais do mundo esse tipo de drenagem profunda continua a ser usado. Claro que, com o tempo, a função drenante fica prejudicada pelo total apodrecimento do material drenante vegetal e o sistema terá que ser refeito.

Com o tempo verificou-se que, colocando no espaço interno da valeta de drenagem, pedras de pequeno diâmetro, o sistema ficava melhor (aumentava a capacidade drenante) e aumentava o tempo útil da obra.

Das valetas de drenagem com pedras o sistema se generalizou para outras obras como, por exemplo, muros de arrimo.

Em muros de arrimo, durante sua construção, colocam-se tubos perfurados ou pequenos canais com brita, para capturar a água infiltrada e com isso diminui o esforço (empuxo ativo) sobre o muro de arrimo e aumenta-se a resistência do solo.

Veja:

1. Tubo que permite que a água de chuva, escoando superficialmente, escoe para fora do terreno não permitindo o acúmulo de água que aumenta o esforço sobre o muro de arrimo e evitando que a água acumulada penetre no solo.
2. Tubos para drenagem profunda.
3. Camada de brita para capturar a água do lençol freático.

2.17.1.3. Filtro – o protetor da drenagem profunda

Uma drenagem profunda depois de anos de funcionamento começa a perder sua capacidade drenante face ao carreamento (transporte de sedimentos do solo) de partículas do solo que tendem a ocupar e fechar os espaços livres do dreno.

Para melhorar, portanto, a função drenante precisamos usar um filtro que tem a função de diminuir essa colmatação (fechamento) dos espaços livres do dreno.

Para isso podemos fazer filtros com:
- Camada de pedregulhos com granulometria crescente que retém as partículas do solo transportadas.
- Uso de tecidos geotêxtil (manta) que não diminuem a capacidade drenante do dreno mas retém as partículas de solo.

Um filtro aumenta a vida útil de um sistema drenante mas, com ou sem o filtro, o sistema drenante pode funcionar por mais ou por menos tempo.

Exemplo de camada drenante com manta geotêxtil

No caso de usar brita como camada de filtro, temos os dados da granulometria das britas:

Brita para as valetas de drenagem	Grãos variando entre (mm)
Areia grossa	Menor de 5
Pedra zero	5 a 9,5
Pedra um	9,5 a 22
Pedra dois	22 a 32

Caso de muro de arrimo usando como filtro manta geotêxtil

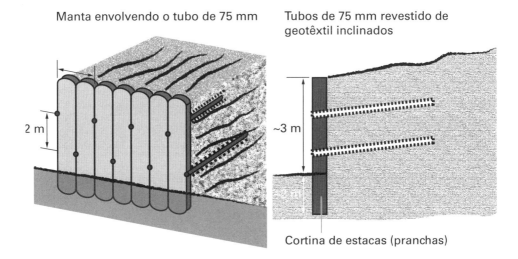

Proteção de muro de gabiões na sua missão drenante e de contenção, graças à manta geotêxtil preservando a porosidade natural dos gabiões.

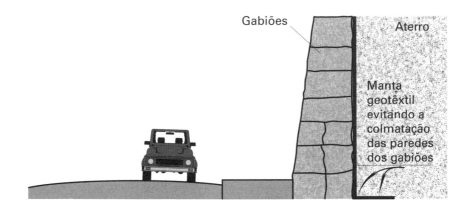

2.17.1.4. Tubos específicos para drenagem profunda

Vários tipos de tubos podem ser usados desde que tenham furos e ou usem juntas abertas.

Os tubos de plásticos são muito usados e um tradicional fabricante de tubos de PVC tem os tubos furados seguintes:
- diâmetros 50, 75, 100, 150 mm
- comprimentos: cerca de 6 m
- furação: ao longo de toda a seção do tubo
- diâmetro dos furos: ou 4 ou 5 ou 6 mm

Uso de drenos verticais de areia para consolidação de aterros

Para acelerar a saída de água de um aterro, aumentando com isso sua resistência, podemos usar drenos verticais de areia.

Veja:

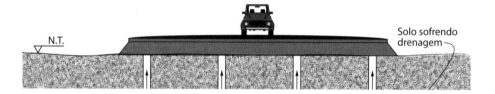

Sugere-se o diâmetro mínimo do tubo de 50 mm a ser cravado e cheio de areia média. Não há critérios para se saber a distância máxima entre os drenos verticais tendo-se que trabalhar por tentativas.

Após a operação o solo drenado terá seus recalques abreviados e o solo drenado terá maior resistência face ao seu adensamento.

Uso de drenagem profunda em estabilização de taludes

Para melhorar a estabilidade de taludes, abaixa-se seu lençol freático por meio de tubos drenantes (furados).

Veja:

Atenção: mesmo em solos arenosos o volume de água que sai nos drenos é baixo mas a ação de estabilização acontece.

O dreno vertical de areia é colocado em um espaço criado previamente pela cravação de tubos de aço e retirada mecânica do solo natural. Após essa retirada do solo natural, coloca-se areia média que será o elemento drenante. A água do terreno tenderá a subir e sairá até o colchão de areia e sai até a atmosfera em tubos que lançam a água bem distante do local.

Um caso interessante de drenagem profunda em avenida de terra

Seja o local indicado, uma confluência de ruas sem pavimentação próximo a um rio e em local, portanto, com alto lençol freático, com tendência de empoçar água em dias de chuva, permanecendo essas poças dias após as chuvas. O trânsito sofria muito com isso e até transeuntes sofriam ao passar no local alagado e cheio de poças de água.

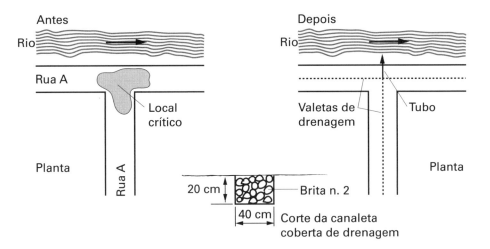

Foram construídas com camada drenante, valetas de brita e no trecho final um tubo lançava a água drenada pelas valetas até o rio.

O sistema funcionou e algumas horas depois do fim da chuva o terreno ficava transitável.

O mais famoso muro de arrimo e sua drenagem

O mais famoso muro de arrimo da Civilização Ocidental localiza-se em Jerusalém, Israel e denomina-se Muro das Lamentações; seria o resto do antigo Palácio de Salomão. Esse muro de arrimo tem drenagem propiciada pela irregularidade do assentamento das grandes pedras que o formam.

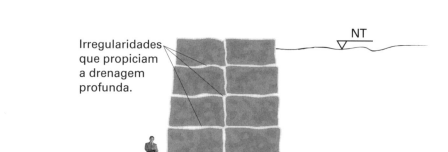

CORTE

Notas

1. O volume de água que a drenagem profunda retira do solo não impressiona pela vazão que costuma ser diminuta fora do tempo das chuvas. Mesmo assim, sua função de diminuir os esforços sobre as estruturas de contenção e evitando a diminuição de resistência do solo existe e é importante.

2. Um professor de uma escola de engenharia dizia sempre: "se você for construir um muro de arrimo no deserto do Saara onde não chove nunca, mesmo assim faça algum tipo de drenagem profunda..."

3. Um outro professor de estradas dizia que para uma estrada funcionar bem ela precisa de três coisas: 1) drenagem superficial + drenagem profunda, 2) mais drenagem superficial + drenagem profunda e 3) mais drenagem superficial + drenagem profunda.

4. Perguntado a um especialista de projeto e construção de estradas o por que nas estradas se cuida tanto da drenagem e nas cidades as ruas não tem esse cuidado a resposta foi:
   - nas cidades é muito mais difícil prever e dotar as ruas e avenidas de drenagem profunda e, por isso, o pavimento das mesmas dura menos que o pavimento das estradas.

Referências Bibliográficas

FENDRICH, R.; OBLADEN, N. L.; AISSE, M. M.; GARCIA, C. M. *Drenagem e controle de erosão urbana*. Curitiba: Universitária Champagnat.

MICHELIN, R. G. *Drenagem superficial e subterrânea de estradas.* Porto Alegre: Multilibri, 1975.

CATÁLOGO TIGRE para tubos de drenagem.

RHODIA. *Manual técnico geotêxtil Bidim*

RHODIA. *Drenagem de áreas verdes de esporte e lazer*

RHODIA. *Drenos – princípios básicos e sistemas drenantes*

OLIVEIRA, F. M. Drenagem de estradas. *Boletim n. 5 – Associação Rodoviária do Brasil.*

Capítulo 3

SANEAMENTO

3.1. Elementos de hidrologia – Cálculos de vazões em rios.
3.2. Hidráulica técnica – Escoamento livre em canais e condutos em pressão.
3.3. Será que esta água é potável? Como avaliar a qualidade da água de fontes, riachos, rios e poços profundos.
3.4. Noções de tratamento de água – Estações de tratamento de água – Filtros lentos.
3.5. Sistema de águas pluviais.
3.6. Jogando fora adequadamente os esgotos de residências – Fossas.
3.7. Sistemas públicos de redes de esgotos – Regras para um dimensionamento prático – Regras para a construção.
3.8. Noções de tratamento de esgoto – Lagoas de estabilização – Cálculo pelo número mágico – Disposições construtivas.
3.9. Lixo – Um destino adequado – Aterro sanitário.
3.10. O incrível carneiro hidráulico – A fabulosa bomba de corrente.
3.11. Entendendo o uso de conjuntos motor-bomba para abastecimento de água.
3.12. Crônica sobre o Professor Azevedo Netto – "Anteprojeto preliminar sumário de uma estação de tratamento de água, executado em quarenta e cinco minutos".
3.13. A história da sopa de pedra.

3.1. Elementos de hidrologia – Cálculos de vazões em rios

Para entendermos as vazões dos rios é necessário entender das chuvas. Vamos então entender os parâmetros de medidas das precipitações.

3.1.1. Intensidade

É a medida da quantidade de chuva que cai numa área em um determinado tempo. É uma medida volumétrica.

Como a área é fixada convencionalmente em 1 m², a medida volumétrica se transforma em medida de altura*. Exemplo de intensidade de chuva: 10 mm/hora. Isso quer dizer que em uma hora caiu 10 mm de água em uma área de 1 m², ou seja 0,01 m² por m² por hora. Se toda essa água fosse recolhida não evaporasse e não infiltrasse, teríamos em uma hora um volume de precipitação de 0,01 m³ em 1 m².

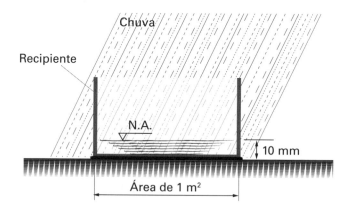

Conforme a necessidade, a chuva é medida por minutos de ocorrência, horas de ocorrência, dias de ocorrência ou até em anos. Destacamos que não é uma questão de escolha e transformação de unidades. Há casos que interessa saber a chuva que ocorre em 10 minutos**, e há casos que interessa saber a chuva que ocorre em um dia.

---

* Normalmente se classificam:
  - Regiões de baixa precipitação < 800 mm/ano;
  - Regiões de média precipitação de 800 a 1.600 mm/ano;
  - Regiões de alta precipitação > 1.600 mm/ano.
** Como se verá a seguir, as características médias de uma chuva que ocorre em dez minutos, são completamente diferentes das características médias das chuvas que ocorrem durante todo um dia.

Mas, como se mede a intensidade da chuva? Usam-se para isso pluviômetros e pluviógrafos. Iniciemos pelo pluviômetro.

3.1.2. Pluviômetro

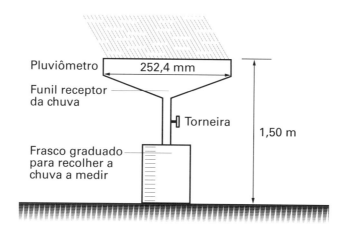

O pluviômetro mede a totalidade da precipitação pela leitura do nível do líquido no frasco graduado. Normalmente, a leitura é feita uma vez ao dia e às 7 horas da manhã. Como a leitura é de toda a precipitação que ocorreu no período de 24 horas, a medida é de × mm/dia. Não dá para medir a intensidade da chuva em minutos de ocorrência. Claro?

A leitura do pluviômetro deve ser sagradamente feita dia a dia. Há centenas de pluviômetros instalados no País, em áreas urbanas e rurais. No meio rural são instalados (regra geral) junto a uma escola ou empório de beira de estrada. Os dados medidos são coletados periodicamente e analisada a sua consistência.

Houve um posto pluviométrico que acusava fortes precipitações às segundas-feiras. A causa do fenômeno hidrológico é que o operador não media precipitações no domingo, acumulando tudo na segunda-feira. Passemos ao pluviógrafo:

3.1.3. Pluviógrafo

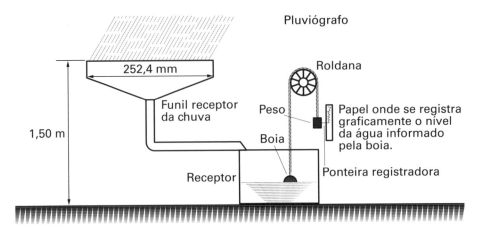

É um coletor (funil) associado a um registrador, que registra em um gráfico a evolução de quantidade de água que cai. O equipamento possui um dispositivo de tempo que permite o registro da intensidade em função do tempo.

O ideal seria se ter sempre pluviógrafos. O problema é que o pluviógrafo é significativamente mais caro que o pluviômetro.

Entendido o conceito de intensidade, cabe agora introduzir o conceito de duração da precipitação.

3.1.4. Duração

A duração de uma chuva é o tempo que decorre entre o cair da primeira gota até o cair da última gota. A medida da duração é feita em minutos, horas ou dias, conforme o uso a que se destina.

Conhecidas a intensidade e a duração, podemos estimar o volume de água que caiu numa bacia, por exemplo, se na bacia do Rio Chapéu ocorreu uma precipitação constante de 13 mm/h durante dez minutos (1/6 h) e a área da bacia é de 37 km^2, podemos dizer que a água que caiu foi:

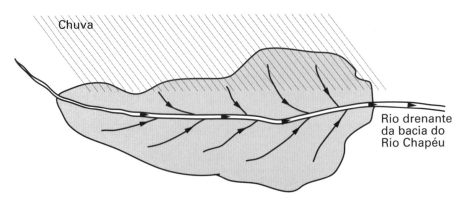

Intensidade $(i) = 13$ mm/h $= 13 \cdot 10^{-3}$ m/h

Duração $(t) = 10$ min $= \dfrac{10}{60}$ h

Área $= 37$ km$^2 = 37.000.000$ m$^2 = 37 \cdot 10^6$ m^2

Volume de água $=$ Área $\cdot i \cdot t = 37 \cdot 10^6$ m$^2 \cdot 13 \cdot 10^{-3}$ m/h $\cdot \dfrac{1}{6}$ h

Volume de água $= 80.167$ m^3

Agora, façamos uma observação oriunda de dados experimentais em todo o mundo: chuvas muito fortes (intensas) são de curta duração e chuvas fracas (baixa intensidade) são prolongadas.

A nossa experiência pessoal também mostra isso. Torós e pés-d'água são fortes e acabam rapidamente. Chuva fina dura horas.*

O levantamento de dados medidos em pluviógrafos nos mostra sempre a existência dessa lei natural que pode ser expressa graficamente por:

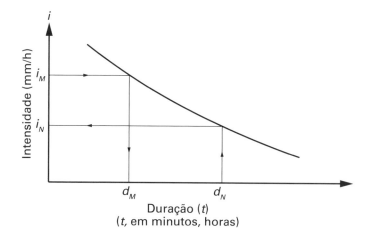

Da leitura do gráfico vê-se que:
- Chuvas intensas (i_M) duram menos (d_M).
- Chuvas fracas (i_N) duram mais (d_N).

Entendidos os conceitos de intensidade e duração fica a questão: num determinado local ocorre muitas vezes (com alta frequência) uma chuva de 30 mm/h. E uma chuva de 100 mm/h, qual a probabilidade?

---

* O volume que calculamos é o volume de água que caiu na bacia. O volume de água que é drenado pelo rio, nesse prazo, é diferente, pois parte da água evapora e parte se infiltra no solo, alimentando o rio horas ou dias depois.

Para introduzir o conceito de probabilidade, possibilidade de ocorrência, estabeleçamos o conceito de tempo de retorno (T) (sempre medido em anos). Se dissermos que uma chuva 5 mm/hora tem um tempo de retorno de 5 anos, isso quer dizer que, baseado em dados estatísticos de chuva da região, essa chuva só ocorre com essa intensidade (ou com intensidade maior) uma vez em cada 5 anos. Como 1:5 é 20%, essa é a probabilidade.

Estas três grandezas (intensidade, duração e tempo de retorno de chuva) podem ser todas inter-relacionadas como fez o Eng. Otto Pfafsteter no seu clássico livro **Chuvas intensas no Brasil**, apresentando os dados em gráficos, como se vê a seguir:

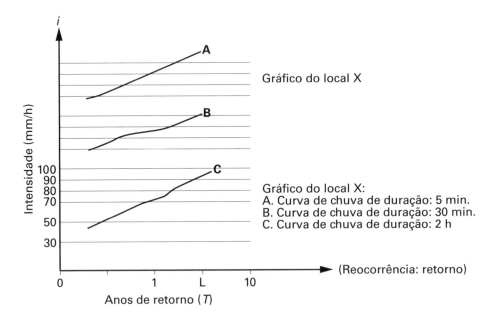

Fixado um tempo de retorno, verificamos qual a duração da chuva e tem-se a intensidade da precipitação. Além do trabalho do Eng. Pfafsteter, esses três valores podem ser correlacionados analiticamente.

Exemplo

Fórmula de Paulo Sampaio Wilken para a cidade de São Paulo, com dados coletados de 25 anos.

$$i = \frac{3.467,7 \cdot T^{0,172}}{(t+22)^{1,025}}$$

sendo:
    i = mm/h (intensidade)
    T = anos (tempo de retorno)
    t = min (duração)

Para Porto Alegre, conforme citado na Bibliografia (1) deste capítulo, tem-se a fórmula de Camilo de Menezes e R. dos Santos Noronha:

$$i = \frac{a}{t+b}$$

sendo:
Para T = 5 anos	$a = 22$	$b = 2,4$
Para T = 10 anos	$a = 29$	$b = 3,9$
Para T = 15 anos	$a = 48$	$b = 8,6$
Para T = 30 anos	$a = 95$	$b = 16,5$

Vamos agora a um caso real. Seja a bacia do Rio Jacu de 32 km² onde se planeja a canalização do rio no seu trecho final. Queremos saber a vazão máxima caso ocorra uma chuva com período de retorno de 30 anos (ou seja, uma vez em 30 anos a chuva superará a do projeto). Para sabermos a vazão máxima temos que correlacionar a vazão com a chuva. Isso é feito pela chamada Fórmula Racional[*].

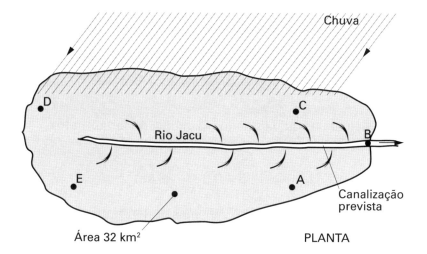

Fórmula racional:
$$Q_B = C \cdot i \cdot S$$
onde
    C = coeficiente de deflúvio (medida da impermeabilidade da bacia)
    i = intensidade da chuva
    S = área da bacia

---

[*] Segundo vários autores, a Fórmula Racional é aplicável a bacias de até 5 km² e com muita cautela, para áreas um pouco maiores. Há a necessidade de cautela pelo fato de não podermos admitir a uniformidade de precipitação para áreas muito grandes.

Saneamento

A vazão máxima a passar no rio drenante da bacia (ponto extremo B) é função da chuva i, da área (S) e das condições próprias da bacia, condições essas estimadas pelo coeficiente, chamado coeficiente de deflúvio.

Na Bibliografia (1) deste capítulo são apresentados dados do Colorado Highway Department e que são:

Características da bacia	Coeficiente de deflúvio (%)
Superfícies impermeáveis	90-95
Terreno estéril montanhoso	80-90
Terreno estéril ondulado	60-80
Terreno estéril plano	50-70
Prado, campinas, terreno ondulado	40-65
Matas decíduas, folhagem caduca	35-60
Matas coníferas, folhagem permanente	25-50
Pomares	15-40
Terrenos cultivados em zonas altas	15-40
Terrenos cultivados em vales	10-30

A Fórmula Racional usando os dados disponíveis e admitindo o coeficiente de deflúvio igual a 0,2, fica:

$$Q_B = C \cdot i \cdot S = 0,2 \cdot i \cdot 32 \text{ km}^2$$

Nossa última incógnita é i. Como sabemos, a determinação de i depende de dois fatores:

- t = tempo de duração
- T = tempo de retorno

O tempo de retorno é uma escolha baseada no risco. Baixos tempos de retorno levam a chuvas de menor intensidade e a obras decorrentes de menor porte e de menor custo. Altos tempos de retorno levam a chuvas mais intensas e maiores obras de canalização do rio. No nosso caso, o período fixado foi de 30 anos.

Falta agora definir o tempo de duração. Para definir o tempo de duração da chuva que usaremos, vamos introduzir o conceito de tempo de concentração da Bacia.

Como sabemos, chuvas muito intensas são, em geral, rápidas e chuvas de baixa intensidade são, em geral, de maior duração (t). Ocorrendo na bacia do Rio Jacu uma precipitação de alta intensidade, a vazão em B (saída da bacia) tende a crescer continuamente graças à contribuição de parte da bacia cuja água teve tempo de chegar, digamos de A e C até B. As águas caídas em D e E (pontos mais distantes) ainda estarão vindo pelos córregos ou pelo rio. Nesse instante cessa a chuva.

Poucos minutos depois, os pontos próximos já não contribuem, enquanto estão chegando as águas dos pontos distantes.

Veja o gráfico a seguir:

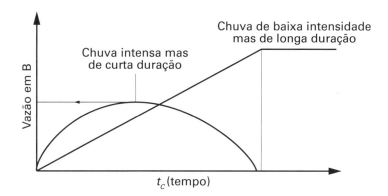

Se ocorrer no Rio Jacu uma chuva de menor intensidade, mas com sua maior duração, então toda a bacia (até os pontos extremos D e E) passará a contribuir, concomitantemente.

3.1.5. Tempo de concentração (TC)

O tempo de concentração(TC) de uma bacia é o tempo necessário de precipitação para que toda a bacia esteja contribuindo.

Do exposto infere-se que, para se saber da máxima vazão que ocorre numa bacia, basta igualar o tempo de concentração da bacia *ao* tempo de duração da chuva.

No caso do Rio Jacu, o ponto extremo de contribuição é o ponto D. Digamos que esse ponto D esteja a 9 km do B. Admitindo uma velocidade média de água no escoamento superficial de 0,5 m/s, o tempo de concentração será de 5 horas (300 min).

Admitamos que seja aplicável nesse rio a fórmula de Camilo de Menezes e R. Santos Noronha.

$$i = \frac{a}{t+b} \qquad T = 30 \text{ anos} \qquad \begin{array}{l} a = 95 \\ b = 16,5 \end{array} \qquad i = \frac{95}{t+16,5}$$

$$t = 300 \text{ min.}$$

$$i = \frac{95}{300+16,5} \text{ mm/h} = 0,3 \text{ mm/h}$$

Passemos todas as unidades para metro e segundo:

$$i = 0,3 \text{ mm/h} = \frac{0,3 \cdot 10^{-3} \text{ m}}{3.600 \text{ s}}$$

$$\text{área} = 32 \text{ km}^2 = 32 \cdot 10^6 \text{ m}^2$$

$$Q = C \cdot i \cdot S = \frac{0,2 \cdot 0,3 \cdot 10^{-3} \text{ m}}{3,6 \cdot 10^3 \text{ s}} \cdot 32 \cdot 10^6 \text{ m}^2$$

$$Q = 0,53 \text{ m}^3/\text{s}$$

Conclusão

Pelos dados, se eu projetar a canalização do meu rio com capacidade hidráulica para transportar 0,53 m³/s, só uma vez a cada 30 anos o rio apresentará vazão maior (transbordará).

Veja:

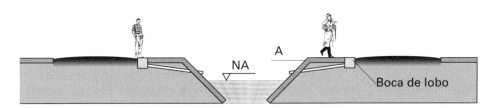

Uma vez em cada 30 anos (5 vezes em cada 150 anos) o rio ultrapassará o nível A, e ocupará o leito das ruas. Mas não acredite nisso. Com o tempo, a bacia contribuinte do rio se urbaniza, são construídas casas, ruas são pavimentadas e com isso o coeficiente de deflúvio aumenta e diminui o tempo de concentração da bacia. Com isso, o rio inundará não só uma vez em cada 30 anos, mas uma vez a cada 5 anos. E daí? Ou se convive com o problema, ou se aumenta a caixa do rio. Por exemplo, se verticalizam as paredes das margens do rio. Com a verticalização aumenta a caixa do rio, aumenta a sua capacidade de escoamento e diminuem as inundações. Com a diminuição das inundações a região se valoriza, aumenta a urbanização, aumenta o coeficiente de deflúvio e diminui ainda mais o tempo de concentração e vai por aí e quase que não tem fim.

Por exemplo, o rio Tamanduateí na Grande São Paulo foi canalizado em 1910 para uma vazão máxima de projeto pouco maior que 100 m³/s, e as obras em andamento na década de 80 para o mesmo rio tinham como vazão de projeto uma vazão próxima de 500 m³/s.

São as consequências da:
- retificação de córregos a montante do rio
- impermeabilização de superfície de drenagem

Saneamento

Referências bibliográficas

PINTO, HOLTZ, MARTINS, GOMIDE, *Hidrologia*. São Paulo: Edgard Blucher.
VILELLA, Swami; MATTOS, Arthur, *Hidrologia aplicada*. McGraw Hill.
GARCEZ, Lucas Nogueira, *Hidrologia*. São Paulo: Blucher.
BOTELHO, Manoel Henrique Campos, *Águas de chuva*. São Paulo: Blucher.
Consultar o site da editora www.blucher.com.br
Consultar a norma NBR 10844 – Instalações Hidráulicas Prediais
Ver <www.abnt.org.br>

3.2. Hidráulica técnica – Escoamento livre em canais e condutos em pressão

Nestas pílulas de Hidráulica vamos dividir seu estudo em:
- Hidráulica dos canais
- Hidráulica dos condutos em pressão

3.2.1. Introdução

3.2.1.1. Hidráulica dos canais

Na hidráulica dos canais ocorre o chamado escoamento livre ou à pressão atmosférica. Uma de suas características é que o líquido em escoamento adquire a forma da seção da calha na sua parte inferior, e a lâmina é plana em cima. A pressão na superfície da água é sempre atmosférica[*].

São exemplos desse escoamento:
- escoamento em rios
- escoamento em tubos de esgotos e águas pluviais

Veja:

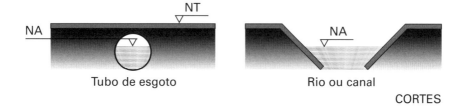

CORTES

---

[*] Existiu no Brasil uma famosa capital estadual que era conhecida por ter o pior sistema público de saneamento. Diziam as más línguas, que nessa cidade, a hidráulica era invertida. A rede de água funcionava sem pressão (falta de água) e a rede de esgoto funcionava à pressão (os esgotos refluíam nos poços de visita). Para que citar nomes? Um dia, melhoraram os dois sistemas e a hidráulica convencional voltou a imperar (rede de água com pressão e rede de esgoto à pressão atmosférica).

3.2.1.2. Hidráulica dos condutos em pressão

O segundo tipo de escoamento é o escoamento em pressão em que o líquido ocupa totalmente a seção do conduto que o envolve, exercendo pressões em todas as paredes. É o caso do escoamento em rede de distribuição de água, sistemas prediais ou de petróleo em oleodutos etc. A pressão do líquido no interior da tubulação é sempre superior à atmosférica.

3.2.2. Lembrete geral

Tanto no escoamento em canal como no de pressão, vale a equação fundamental dos escoamentos, chamada Equação de Continuidade:

$$Q = SV$$

onde:
Q é a vazão; S é a superfície molhada e V a velocidade.

Entre dois trechos (A e B) de um escoamento, onde não tenha havido aumento de vazões:

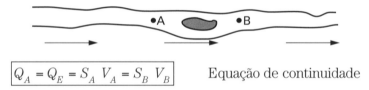

$$Q_A = Q_E = S_A V_A = S_B V_B$$ Equação de continuidade

Onde se aplica a equação de continuidade?
- Em dois trechos próximos de um rio, por exemplo, a vazão do rio Paraná entre dois trechos distantes cerca de 2 km será igual desde que aí não chegue um tributário de importância.
- Em dois trechos quaisquer de uma adutora que não sofra retirada (sangria).

Onde não se aplica?
- Numa rede de esgotos. Entre dois trechos A e B pode ocorrer a entrada de vazão adicional significativa.

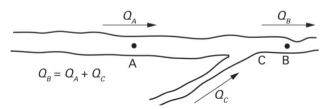

$Q_B = Q_A + Q_C$

Vamos a dois exemplos para entender corretamente.

Questão 1

Uma tubulação de 300 mm de diâmetro transporta em pressão uma vazão de 88 L/s. Essa tubulação, depois de algum trecho, passa a ter diâmetro de 400 mm. Calcular as velocidades em cada trecho, admitindo constância de vazão.

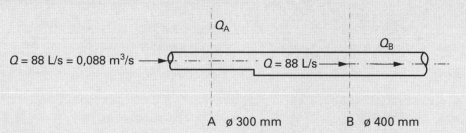

A ø 300 mm   B ø 400 mm

Admite-se

$$Q_A = Q_B = 88 \text{ L/s} = 0{,}088 \text{ m}^3/\text{s} \qquad S_f = \frac{\pi D^2}{4}$$

$$S_A = \frac{3{,}14 \cdot 0{,}3^2}{4} \simeq 0{,}07 \text{ m}^2 \qquad D = \text{diâmetro}$$

Na Seção A

$$Q_A = S_A V_A$$

$$V_A = \frac{0{,}088 \text{ m}^3/\text{s}}{0{,}07 \text{ m}^2} = 1{,}25 \text{ m/s}$$

Na Seção B $Q_B = Q_A$

$$S_B = \frac{3{,}14 \cdot 0{,}4^2}{4} = 0{,}12 \text{ m}^2$$

$$V_B = \frac{Q}{S_B} = \frac{0{,}088 \text{ m}^3/\text{s}}{0{,}12 \text{ m}^2} = 0{,}73 \text{ m/s}$$

Verificação

$$S_A \cdot V_A = S_B \cdot V_B$$
$$0{,}07 \cdot 1{,}25 = 0{,}12 \cdot 0{,}73$$

Nota

- Um erro muito comum é aplicar a equação da continuidade ($S_A V_A = S_B V_B$), em qualquer situação. Essa equação só é válida se a vazão for a mesma em A e B.

Um canal retangular, que transporta uma vazão de 1,2 m³/s, tem num trecho pedregulhoso uma profundidade média de 30 cm e uma largura de 1,2 m. Qual será a velocidade se esse canal se alargar e sua largura aumentar para 3,7 m, reduzindo a altura de lâmina para 14 cm?

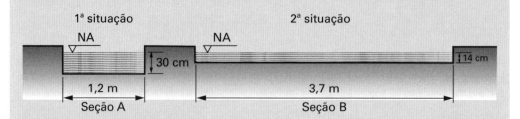

Seção A

$$Q_A = 1,2 \text{ m}^3/\text{s}$$
$$Q_A = S_A \cdot V_A$$
$$V_A = \frac{Q_A}{S_A} = \frac{1,2 \text{ m}^3/\text{s}}{0,3 \cdot 1,2} = 3,3 \text{ m/s} *$$

Seção B

$$Q_B = Q_A = 1,2 \text{ m}^3/\text{s}$$
$$S_B = 0,14 \cdot 3,7 = 0,52 \text{ m}^2$$

Da Equação

$$Q_A = Q_B$$
$$S_A\, S_A = S_B\, V_B \quad \leftarrow \quad \text{A famosa equação da continuidade}$$
$$V_B = \frac{S_A\, V_A}{S_B} = \frac{3,3 \cdot 0,3 \cdot 1,2}{0,52} = 2,28 \text{ m/s}$$

Vimos dois exemplos, um em escoamento em pressão e outro em canal em que havia uma constância de vazão nos dois trechos ($Q_A = Q_B$), resultando:

$$\boxed{S_A\, S_A = S_B\, V_B} \quad \leftarrow \quad \text{Equação de continuidade}$$

* A precisão desse cálculo diria que a velocidade seria de 3,333... m/s. Isso não reflete a realidade. Realisticamente a velocidade será algo como 3 m/s e só.

Mas, passemos ao estudo de cada um dos escoamentos.

3.2.3. Escoamento em canal

Exemplos:

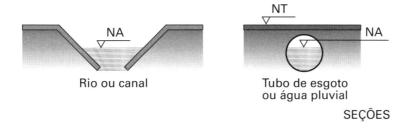

SEÇÕES

O escoamento em canal depende:
- Da forma da seção molhada (do rio, canal ou tubo) onde ocorre o escoamento, ou seja, da calha suporte.
- Da vazão a escoar.
- Da declividade do canal.
- Da rugosidade do canal.
- Das interferências a jusante.

Para o estudo de canais, mesmo que não ocorra isso na prática, admite-se por simplificação:
- Que a extensão do escoamento é suficientemente longa.
- Que não haja perturbações de jusante (refluxos ou remanso).

Se tudo isso ocorrer, vale a tabela a seguir (Tabela 3.1) para tubos circulares (uso em rede de esgoto ou águas pluviais). Interpretemos essa tabela. Ela mostra:

Se construirmos uma tubulação de diâmetro, digamos, 300 mm, com declividade de 0,001 m/m (1 m/km), e se ocorrer um escoamento a 1/2 seção, então, baseado na Tabela 3.1, podemos dizer que a vazão que está passando é da ordem de 16 L/s e a velocidade média desse escoamento é da ordem de 0,4 m/s.

Não abordaremos nesse livro o escoamento em seções não circulares.
E se eu quisesse usar essas tubulações praticamente cheias, mas ainda sem pressão?

Manual de Primeiros Socorros do Engenheiro e do Arquiteto

Saneamento

A capacidade é dupla em relação a 1/2 seção e, no caso, a velocidade é a mesma da 1/2 seção. Mas, para entender mesmo, veja a historinha a seguir:

Tabela 3.1. Capacidade hidráulica de tubos circulares a 1/2 seção

Unidade; Declividade m/m; Diâmetro ø mm; Velocidade V m/s; Vazão Q (L/s)

i	ø 150 V	ø 150 Q	ø 200 V	ø 200 Q	ø 300 V	ø 300 Q	ø 400 V	ø 400 Q	ø 500 V	ø 500 Q	ø 600 V	ø 600 Q
0,0005	-	-	-	-	-	-	-	-	-	-	0,48	68
0,001	-	-	-	-	0,40	16	0,50	31	0,60	59	0,70	96
0,002	-	-	-	-	0,60	22	0,70	45	0,85	83	0,97	137
0,003	0,42	3,8	0,53	8,5	0,70	26	0,90	55	1,00	102	1,20	168
0,004	0,48	4,5	0,61	10,0	0,80	30	1,00	64	1,20	118	1,40	195
0,005	0,50	5,0	0,68	11,0	0,90	34	1,15	72	1,35	132	1,50	218
0,006	0,60	5,5	0,75	12,0	1,00	37	1,25	78	1,50	145	1,70	239
0,007	0,60	6,0	0,80	13,0	1,10	40	1,40	85	1,60	157	1,80	257
0,008	0,70	6,0	0,86	14,0	1,20	43	1,45	91	1,70	167	1,90	275
0,009	0,73	6,5	0,90	15,0	1,25	46	1,50	96	1,80	178	2,10	292
0,010	0,77	7,0	1,00	16,0	1,30	48	1,60	102	1,90	187	2,20	308
0,015	0,91	8,5	1,20	19,0	1,60	59	2,00	124	2,30	230	2,70	377
0,020	1,10	10,0	1,37	22,0	1,90	68	2,30	143	2,70	265	3,10	436
0,025	1,20	11,0	1,53	25,0	2,00	76	2,60	161	3,00	296	3,50	487
0,030	1,30	12,0	1,70	27,0	2,30	83	2,80	176	3,30	325	3,80	534
0,035	1,40	13,0	1,80	29,0	2,50	90	3,00	191	3,60	352	-	-
0,040	1,50	14,0	1,90	31,0	2,60	96	3,20	203	3,80	376	-	-

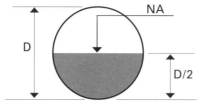

Seção transversal

i: declividade m/m
Q: vazão
D: diâmetro Ø
V: velocidade

Nota
- A precisão numérica da tabela não corresponde à precisão da prática que varia muito em função das condições de uso. Use o bom senso.
- Não confundir vazão com capacidade. Se eu construir no deserto uma tubulação de 2.000 mm, ela terá muita capacidade hidráulica, mas zero de vazão.

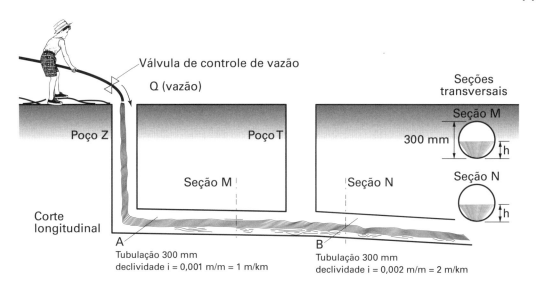

3.2.3.1. Corte longitudinal

Temos uma tubulação de concreto de diâmetro 300 mm construída com declividade de 0,001 m/m. No início dessa tubulação há um poço de visita Z, onde um garoto tem uma mangueira com um medidor e controlador de vazão, com a qual pode introduzir a vazão que ele queira (vazão variável e controlável).

Admitamos que no instante 1, a mangueira introduza uma vazão de 10 L/s. Sabemos, pela tabela, que a capacidade da tubulação de 300 mm com a declividade 0,001 m/m a 1/2 seção é de 16 L/s e nessa condição a velocidade é de 0,4 m/s. Como está ocorrendo a vazão de 10 L/s, a altura da água nessa seção (M) é menor que 150 mm, e a velocidade menor que 0,4 m/s.

Na seção N, a capacidade a 1/2 seção do tubo de 300 mm com declividade de 0,002 m/m (2 m/km) é 22 L/s, e a velocidade é, nessa condição, 0,6 m/s. Como a vazão que está ocorrendo é de 10 L/s, a altura da água no tubo é inferior a 1/2 altura.

Vejamos agora, a situação 2. O menino introduz agora uma vazão de 16 L/s. Essa é exatamente a vazão da seção M a 1/2 seção. Logo, podemos garantir que a altura da água será de 150 mm (1/2 altura) e a velocidade será de 0,4 m/s. E como fica isso na seção N? Como a vazão é de 16 L/s e, portanto, inferior à vazão de 1/2 seção (22 L/s), a altura da água será inferior a 150 mm e a velocidade será menor que 0,6 m/s. O que podemos garantir é que a altura da água na situação na seção N é maior que a altura na mesma seção N na situação 1.

Também a velocidade na situação 2 é maior que a velocidade na situação 1.

Passemos à situação 3. O menino introduz no poço agora uma vazão de 22 L/s. Na seção N, a altura da água será de 150 mm e a velocidade será de 0,6 m/s. E na seção M? A velocidade será maior que 0,4 m/s e a altura da água será maior que 150 mm. Aqui fica a questão. Qual a maior vazão que o menino pode lançar no poço, de maneira que não ocorra elevação de água no poço Z? Essa vazão será igual à capacidade a seção plena da seção de menor capacidade. Como a seção de menor capacidade tem à meia altura a capacidade de 16 L/s, a máxima vazão que não causa elevação com Z é de $2 \times 16 = 32$ L/s. Se ocorrer essa vazão na seção M, a velocidade será ainda de 0,4 m/s e a altura da água será de 300 mm. Se for lançada uma vazão de 33 L/s, haverá refluxo de água no poço Z. Se for lançada uma vazão de 2×22 L/s no poço Z, haverá refluxo no poço Z, e na seção N ocorrerá seção plena sem elevação de água no poço T.

Conclusão

A máxima vazão em canal (sem pressão) em um tubo é a vazão da seção plena, que é dupla da vazão a 1/2 seção. A velocidade a seção plena é a mesma da velocidade a 1/2 seção.

Observação para os puristas

- Na verdade a vazão máxima teórica de um escoamento tipo canal (sem pressão) num tubo circular é maior do que a vazão a seção plena. Isso ocorre quando a lâmina de água estiver a 93% da altura. Mas esse escoamento é instável, não sendo usado, ou previsto, para usos correntes.

3.2.3.2. Pergunta/Resposta

Por que os esgotos são calculados a 1/2 seção, se poderiam ser calculados a seção plena, reduzindo com isso os diâmetros necessários?

É uma tradição que dá uma margem de segurança. Isso é usado no projeto da rede coletora das ruas. Quando se projetam coletores tronco e emissários preveem-se escoamento com alturas maiores (para tubos circulares até 80% de altura). Tubos de águas pluviais são calculados para trabalhar a seção plena, ou seja, calculam-se redes pluviais com menor folga do que as redes de esgoto. *As razões são*

- As consequências sanitárias de refluxo de águas pluviais são menos nocivas que o refluxo de esgoto[*].
- As águas pluviais são calculadas para chuvas pico que ocorrem espaçadamente. As vazões a escoar são muito menores fora dos picos.

3.2.4. Escoamento em pressão

Para entendermos plenamente a questão do escoamento em pressão, imaginemos uma rede de distribuição de água de uma cidade num momento em que não haja consumo nem perdas.

---

[*] Espera-se, deseja-se, roga-se...

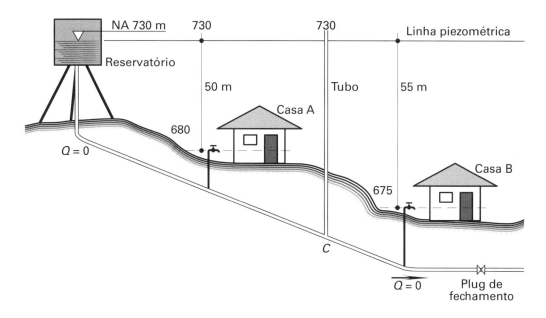

3.2.4.1. Situação I

No caso exposto (situação *I*), onde não há consumo (todas as torneiras da cidade estão fechadas e não há perdas), a vazão (Q) na adutora é zero. Nessa situação a pressão existente em cada torneira fechada de cada casa é medida pela diferença de nível geométrico. A pressão hidráulica na casa A seria 50 m e na casa B seria 55 m. Se nessa situação instalássemos um tubo no ponto C, e se esse tubo fosse bem alto, a altura da água nesse tubo chegaria à cota 730 (mesma cota da água no reservatório).

Isso ocorre com certa frequência nas redes de água de cidades do interior nas altas madrugadas (onde o consumo cai praticamente a zero).

A explicação desse fenômeno é dada pela Hidrostática (vasos comunicantes). Quando começa a haver consumo e a água na adutora começa a correr, entra a Hidrodinâmica que muda a situação.

Vamos explicá-la.

Imaginemos agora a situação *II*. Um grande reservatório de água[*] (M) com uma adutora a ele ligado, e nesta estão instalados vários tubos de plástico transparente de grande altura. No fim da adutora está um plug de fechamento (saída controlada de água).

---

[*] Estaremos admitindo nível constante.

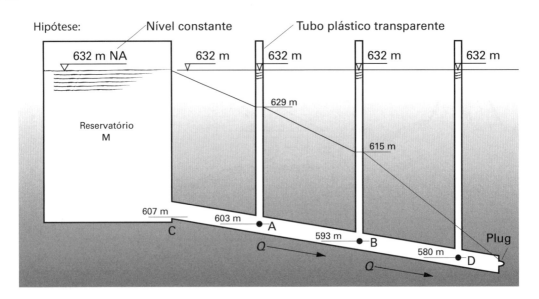

3.2.4.2. Situação II

Instante zero – plug na linha: $Q = 0$
Instante um – plug retirado: a água escoa

Consideremos um instante zero em que o plug esteja aplicado. Nessa situação, caímos na Hidrostática; a altura de água nos pontos A e B alcançará o nível 632 m. Quais serão as pressões na tubulação da adutora? No ponto C (entrada da adutora) a pressão será (632 – 607 = 25 m). No ponto A (632 – 603 = 29 m). No ponto B (632 – 593 = 39 m) e no ponto D (632 – 580 = 52 m). O sistema está parado e a vazão ao longo da adutora é nula.

Admitamos agora que tiramos o plug (abertura total); passa a escoar água na adutora com uma vazão não conhecida. Admitamos que o reservatório seja de enormes proporções (recebe água e fique com nível constante). O que acontece com o nível de água nos vários pontos?

Vamos olhar o nível de água nos vários tubos plásticos transparentes. A pressão no ponto C será a mesma, já que o nível de água no reservatório é praticamente constante (reservatório de grandes dimensões). Logo, a pressão em C será 632 – 607 = 25 m.

Ao olharmos nesse instante 1 o nível de água no tubo plástico em A, haverá uma surpresa. O nível de água no tubo nesse ponto caiu em relação à situação anterior (instante zero). O nível de água em A caiu para 629. A pressão hidráulica no tubo nesse ponto será (629 – 603 = 26 m).

No ponto B, o nível de água estará em 615 e será pressão no tubo será 615 – 593 = 22 m. No ponto D, junto à atmosfera, a pressão é atmosférica (pressão nula em termos comparativos).

Isto é um aspecto importante. Toda água em contato com a atmosfera terá pressão igual a zero[*]. A água pode sair com maior ou menor velocidade, mas a pressão sempre é atmosférica e a pressão hidráulica igual a zero.

Note-se então que a água ao escoar do ponto C ao ponto D perde energia (de 632 m até a cota de saída do tubo = 580 m). Essa é a explicação da Hidrodinâmica para as redes de água em pressão nas cidades. Quando há consumo de água (torneiras abertas e perdas) a pressão na rede diminui, por perdas de energia.

Como se calcula a vazão que ocorre no ponto D, e que é constante entre C e D?

A vazão que ocorre é a que dissipa a pressão hidrostática disponível.

Os laboratórios de Hidráulica levantaram dados que permitem determinar a perda de carga que uma vazão causa ao escoar numa tubulação de diâmetro D. Com esses dados podemos fazer os cálculos Hidráulicos.

Usaremos para esse cálculo a tabela de perdas de carga 3.2 onde D (mm) é o diâmetro do tubo, V é a velocidade em m/s, J é a perda de carga (m/km) e Q é a vazão (L/s).

Tabela 3.2 Perdas de carga

V m/s	D (mm) 50 J	50 Q	75 J	75 Q	100 J	100 Q	150 J	150 Q	200 J	200 Q	300 J	300 Q	400 J	400 Q
0,3	2,9	0,6	1,7	1,3	1,2	2,4	0,8	5,3	0,5	9,4	0,3	21	0,25	37
0,5	7,4	1,0	4,6	2,2	3,2	4	1,9	8,8	1,4	16	0,8	35	0,7	62
1,0	26	2,0	15	4,4	11	8	7	17	5,1	32	3	70	2,1	125
1,5	55	3,0	34	6,6	24	12	15	26	10	48	6	105	5	183
2,0	98	4,0	59	8,8	42	16	25	34	18	63	11	140	7,5	251
2,5	—	5,0	95	11	64	20	38	44	27	78	17	175	12	314

j — perda de carga (m/km); Q — vazão (L/s); D – diâmetro

Para usar essa tabela podem acontecer os seguintes casos:

---

[*] A água, ao sair nas mangueiras das casas, de postos de lavagem de carros e nas mangueiras dos bombeiros no combate ao fogo, tem sempre pressão atmosférica; o que varia é a velocidade de saída; nunca sai com pressão mais forte ou menos forte; sai sempre com pressão atmosférica. Em mangueira de jardim, sai com pequena velocidade, em mangueira de bombeiro, sai com alta velocidade. Todas as águas em contato com a pressão atmosférica tem pressão atmosférica, ou seja, tem pressão nula. Por favor, acreditem...

- Conheço Q (1/s)   a tabela dá J (perda de carga em m/km).
  D (mm)

- Conheço Q (1/s)   a tabela dá D (mm) (diâmetro do tubo).
  J (m/km)

- Conheço J (m/km)   a tabela dá A (L/s) (a vazão ou capacidade.
  D (mm)

Essa tabela foi calculada para as condições hidráulicas de tubos de ferro dúctil revestidos com cimento ou tubos de plástico (coeficiente de Hasen Willians C = 130)

3.2.5. Exemplos de cálculos

1º Problema

Qual a vazão que sai (ponto B) de uma adutora de 12 km com diâmetro de 150 mm na condição abaixo?

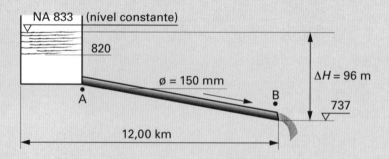

O cálculo, a estimativa de vazão, que correrá nessa adutora será uma vazão que utilize a carga disponível (833 − 737 = 96 m). Note-se que a cota do ponto A é dado desnecessário. Calculamos primeiro a carga a dissipar por metro.

$$J = \frac{\Delta H}{L} = \frac{833 - 737}{12.000 \text{ m}} = \frac{96}{12.000} = 0{,}008 \text{ m/m} = 8 \text{ m/km}$$

Logo devemos entrar na Tabela 3.2 de perdas de carga com os dados:
$$D - 150 \text{ mm e } J = 8 \text{ m/km}$$
a tabela nos mostra que:
$$Q = 17 \text{ L/s (o valor mais próximo)}$$

2º Problema

Qual a vazão que escoará no problema a seguir?

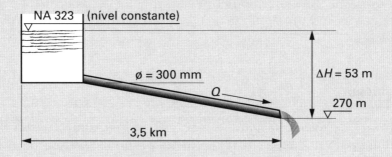

A energia disponível é 323 − 270 = 53 m. Teremos que consumir essa energia no comprimento 3,5 km.

$$J = \frac{\Delta H}{L} = \frac{53}{3.500} = 0,015 \text{ m/m} = 15 \text{ m/km}$$

Entraremos na Tabela 3.2 com:
$$D = 300 \text{ mm}$$
$$J = 0,015 \text{ mm} = 15 \text{ m/km} \rightarrow Q \cong 150 \text{ L/s}$$

3º Problema

Agora a situação é diferente. Dados o reservatório e o comprimento da adutora, queremos saber qual o diâmetro que permite escoar uma vazão desejada:

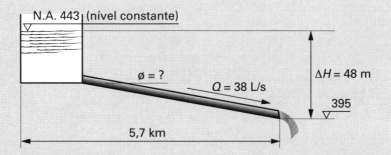

O caminho é sempre o mesmo. A vazão (38 l/s) tem que consumir a carga de 48 m. Qual é o diâmetro da adutora que passando a vazão de 38 L/s consome em 5,7 km a carga de 48 m?

$$J = \frac{\Delta H}{L} = \frac{48}{5.700 \text{ m}} = 0,008 \text{ m/m}$$

Entrando-se na Tabela 3.2 procura-se um $Q = 38$ L/s o diâmetro mais adequado para dar um J (perda de carga por metro) de 8 m/km. É o tubo de 200 mm.

4º Problema

A que altura devemos colocar um reservatório que alimente com 135 L/s uma adutora de 13,3 km com diâmetro de 300 mm?

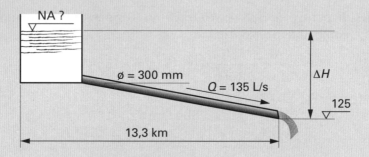

$$J = \frac{\Delta H}{L} = \frac{\Delta H}{13.300}$$

Entramos na tabela 3.2 com Q e resulta:

$D = 300$ mm
$Q = 135$ L/s
$J = 11$ m/km
$\Delta H = J \cdot L = 11$ m/km $\cdot$ 13,3 km
$\Delta H = 146$ m

Logo, a cota do reservatório cheio será:

$125 + \Delta H = 125 + 146 = 271$ m $\therefore$

Logo, o NA deverá estar na cota 271 m.

Sugerimos ler *Instalações hidráulicas prediais – Usando tubos de PVC e PRR* de Manoel H. C. Botelho e Geraldo de Andrade Ribeiro Jr., Editora Blücher, <www.blucher.com.br>, apoio Amanco, fabricante de tubos.

3.3. Será que esta água é potável? Como avaliar a qualidade de água de fontes, riachos, rio e de poços profundos

Muitas vezes, há que se dar parecer quanto ao uso humano de uma água de rio, nascente ou fonte. Será que a água é utilizável? Será potável? O que é água potável?

Água potável é aquela que:

- Não tem gosto nem cheiro desagradável.
- Não causa doenças.
- É agradável e refrescante.

Como saber se a água atende a essas exigências?

A 1ª condição é facilmente detectável. A 2ª exige que a água não cause doenças. Como saber?

Para resolver essa situação, várias entidades fixaram critérios de potabilidade que são padrões, parâmetros de laboratório, que procuram cercar os aspectos principais de uma água, de modo a detectar possíveis problemas.

Regra geral, podemos fixar alguns critérios práticos. As águas de rios de médio e grande porte que, em geral, correm por planaltos e planícies, carregam muito material não atendem aos padrões de potabilidade, exigindo tratamento. São as chamadas águas potabilizáveis por tratamento. Águas de bicas, fontes e riachos em corredeira podem atender aos padrões de potabilidade, ou seja, podem, às vezes, prescindir de tratamento completo.

Note-se que em vários casos há águas de rios que podem atender aparentemente às duas condições mas que conflitam com os padrões de potabilidade, ou seja, são águas boas mas esbarram com alguns padrões da norma. Por quê?

Os padrões de laboratório são rígidos, procurando cercar situações potenciais de riscos que podem ou não ocorrer. Seguir os padrões de potabilidade é uma cautela, uma segurança. Às vezes, são excessivos e inaplicáveis. A população rural brasileira bebe água que, em geral, não atende aos padrões de potabilidade, o que não significa que essas pessoas fiquem doentes especificamente por esse motivo. Beber água dentro dos padrões de potabilidade é uma questão significativa de segurança.

Como saber se uma água atende aos padrões de potabilidade? Obtem-se amostras dessa água e encaminham-se essas amostras para análise em laboratórios. O resultado é comparado com os padrões fixados pelas entidades competentes.

Há vários aspectos que possibilitam verificar se uma água atende aos padrões de potabilidade. Eles são:

- aspectos físicos (cor, turbidez).
- aspectos químicos (sais dissolvidos e em suspensão).
- aspectos biológicos e bacteriológicos – micro-organismos causadores de doenças ou micro-organismos que dão sinal de alerta.

Ao receber o resultado da análise de laboratório, esses aspectos já foram considerados nos padrões e a simples confrontação dos resultados numéricos mostra se estão ou não dentro dos padrões de potabilidade.

Veja agora os padrões estabelecidos pela Portaria 518/2004 do Ministério da Saúde. (Ver site do Ministério da Saúde).

3.3.1. Padrões de potabilidade

E como se coletam amostras para a realização dos exames de laboratório? Cada laboratório possui regras e procedimentos para a coleta de amostras.

Aqui vão alguns critérios:
- Para o exame das características físicas e químicas basta pegar um garrafão limpo de 5 litros, lavá-lo bem, enchê-lo várias vezes com a própria água do rio ou da fonte e depois colher a amostra.
- O técnico coletor de amostra deve se colocar a jusante do ponto de coleta de maneira a não prejudicar a coleta.
- Enviar a amostra para o laboratório imediatamente.
- Para o exame bacteriológico exige-se recipiente especial só disponível nos laboratórios. Neste caso a amostra só poderá ser colhida por pessoal credenciado.

Antes de passarmos à considerações sobre qualidade de água de poços rasos e freáticos vamos indicar bibliografia sobre o assunto visto:
- Controle da Qualidade da Água para Consumo Humano, Benhur L. Battalha e A.C. Parlatore, Cetesb.
- Guia Técnico de Coleta de Amostras de Água, Helga Bernhard de Souza e José Carlos Derisio, Cetesb.

Apresentamos algumas observações sobre qualidade das águas de poços rasos (freáticos ou domiciliares) e poços profundos.

As águas de poços rasos são captadas do lençol freático do local e são, por isso, águas sujeitas à fácil contaminação. Tenta-se evitar essa contaminação de água de poço pelo lençol freático próximo, pela impermeabilização da parte superior do poço freático (ver ilustração). Os poços profundos retiram água, em geral, a mais de 50 m de profundidade. A água que chega a esses poços vem de longe e, ao escoar pelo solo, sofre ação de coar, sendo em geral isenta de micro-organismos. Água de poço profundo na maior parte das vezes é potável. Só não é potável quando, ao atravessar solos com produtos solúveis, arrasta esses produtos.

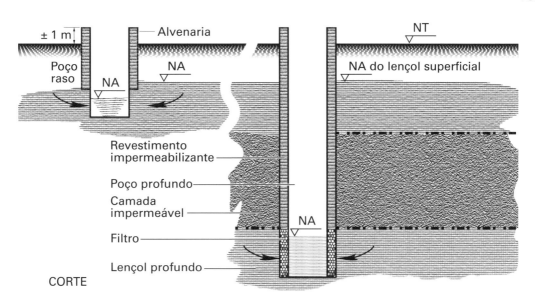

Regra geral, quando as águas de poços profundos não atendem aos padrões de potabilidade, seu tratamento para potabilização é extremamente caro. A razão disso é que a causa da não potabilidade de águas de poços profundos é, muitas vezes, causada por sais solúveis que exigem para sua remoção tratamentos não convencionais, e caros.

Entendidos pois os critérios de aceitação ou não de uma água vamos, dar um exemplo construtivo de tipo de captação de água de nascentes, minas e poços rasos (freáticos).

Esse tipo de captação pode ser usado em locais distantes, onde seria difícil receber água de sistema público. Para se aceitar usar águas de minas, nascentes é necessário verificar se não há ocupação humana na bacia contribuinte, e é lógico mandar fazer análise periódica da água. Só não é necessário fazer análise de água, quando a nascente ou mina está em área urbana. É quase certo, que a água não será potável.

Manual de Primeiros Socorros do Engenheiro e do Arquiteto

Saneamento

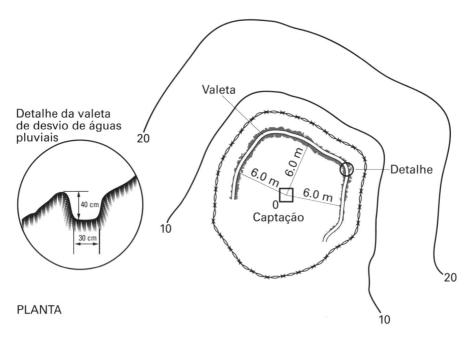

PLANTA

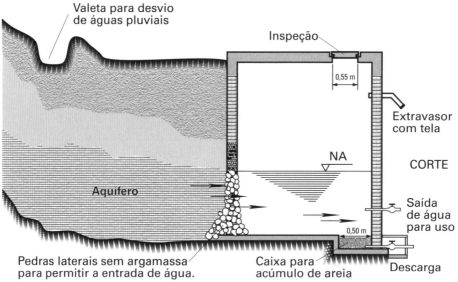

Captação de água do lençol freático (superficial)

3.4. Noções de tratamento de água – Estações de tratamento de água – Filtros lentos

Poucas são as águas no estado natural que atendem aos padrões de potabilidade. Os poucos exemplos são águas de fontes, minas, de alguns poços profundos e de rios de montanha que correm sobre pedras e areia. Águas de rios que correm sobre solos argilosos apresentam turbidez em teores inaceitáveis.

A maior parte dos córregos e rios apresentam águas não potáveis, mas elas são facilmente potabilizáveis por tratamento convencional (tratamento comum).

Existem dois tipos principais de tratamento que potabilizam águas:
- filtros rápidos
- filtros lentos

Estudaremos, inicialmente, os filtros rápidos com floculação prévia, que são chamados de tratamento convencional, existentes nas Estações de Tratamento de Água (ETA). Depois estudaremos os filtros lentos.

3.4.1. Filtros rápidos com floculação prévia

A água bruta (de rio) já na ETA sofre adição de sulfato de alumínio e, às vezes, com adição de cal seguido de mistura rápida. Após essa mistura rápida, a água passa por agitação lenta (mistura lenta) em tanques mecanizados ou em labirintos (chicanas). A função da mistura lenta é formar flocos, sem quebrá-los. É a floculação. Então os flocos se aglomeram, tornam-se visíveis e atraem os sólidos em suspensão da água. A água floculada vai agora para decantadores onde ocorre sedimentação dos flocos, que são retidos no fundo formando lodo, que é descartado periodicamente. A fase líquida já bastante clarificada é dirigida para os filtros de areia onde sofre a ação de filtragem. Aí são retidos os flocos que não tenham sido retidos no decantador e nesse filtro os micro-organismos são também retidos na sua maior parte. A água proveniente da filtração recebe uma dosagem contínua de cloro para desinfetar e uma adição final de cal para corrigir sua acidez[*].

O filtro de areia vai se sujando progressivamente. Para lavá-lo, parte da água filtrada é reservada e, por bombas, é dirigida em contra corrente, lavando o filtro. A água de lavagem do filtro (que leva a sujeira retida) é lançada nos esgotos. Periodicamente o lodo retido no decantador também é disposto nos esgotos.

O esquema de tratamento é mostrado no gráfico a seguir.

---

[*] Consultar as normas de ABNT: NBR 12216 – Projeto de Estação de Tratamento de Água para Abastecimento Público; NBR 12211 – Estudos de Concepção de Sistemas Públicos de Abastecimento de Água.

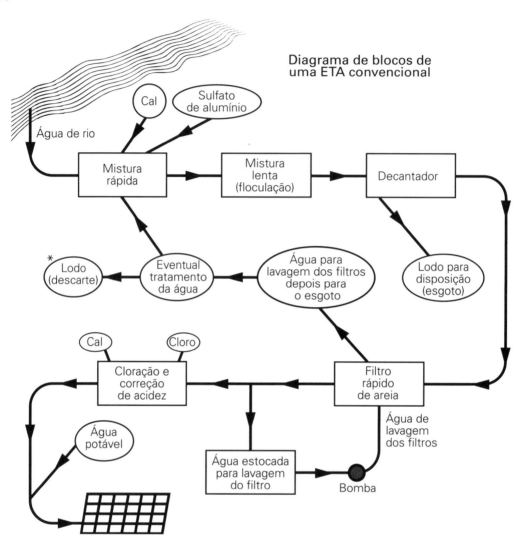

Diagrama de blocos de uma ETA convencional

Veja, a seguir, a planta e um corte típico de uma ETA convencional (filtro rápido de gravidade com floculação prévia).

O grande consumo de água numa ETA é a água de lavagem de filtros.

---

* Numa grande cidade brasileira e com uma bacia com pouca água, o lodo do tratamento de água de lavagem dos filtros era aproveitado com um novo tratamento como fonte de água industrial (de segunda qualidade).

Planta

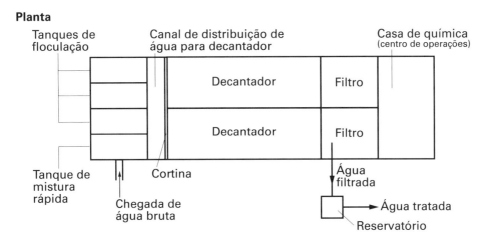

Corte funcional

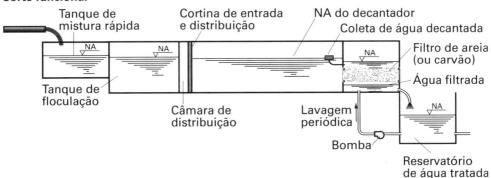

Como se dimensionam as unidades de tratamento de uma ETA?

Apresentamos, a seguir regras práticas que permitem um pré-dimensionamento. Os critérios principais de dimensionamento são:
- mistura rápida: 1 min
- floculação – tempo de detenção: 20 min (de 15 a 30 min)
- decantação – tempo de detenção: 3 h (de 2 1/2 h a 4 h)
- filtros – taxa de filtração: 150 m^3/m^2 · dia (120 a 240 m^3/m^2 dia)

3.4.1.1. Exemplo de dimensionamento

a. Vazão a tratar 25 L/s
   - Volume dos tanques de floculação. Como tempo de detenção – 20 min.
$$T \cdot D = 20 \text{ min} = 1.200 \text{ s}$$
$$Q = 25 \text{ L/s}$$
$$V = Q \cdot T = 1.200 \cdot 25 = 30.000\ V = 30 \text{ m}^3$$
   - Se houver 3 tanques de floculação, cada um terá um volume de 10 m^3.

b. Volume do decantador

$$T \cdot \text{Detenção} = 3 \text{ h} = 3 \cdot 3.600 \text{ s} = 10.800 \text{ s}$$
$$Q \text{ (vazão)} = 25 \text{ L/s}$$
$$V = Q \cdot T = 25 \text{ L/s} \cdot 10.800 \text{ s} = 270.000 \text{ l} = 270 \text{ m}^3$$

- Se houver 2 decantadores (2 é o mínimo) o volume de cada tanque será de 135 m³.

c. Área do filtro
Por dia passaram pelo filtro 25 L/s · 86.400 s = 2.160.000
Como a taxa é de 150 m³/m² · dia a área dos filtros será:

$$\frac{2.160}{150} = 15 \text{ m}^2$$

Se usarmos 2 filtros, cada área será de cerca de 8 m².

Esse dimensionamento é sumário, mas aceitável. Existem outros critérios mais sofisticados que permitem cálculos mais rigorosos e precisos, mas o critério sumário dá ordem de grandeza dos valores das dimensões das unidades de tratamento.

3.4.2. Filtros lentos de areia (alternativa às ETA)*

Para entender o funcionamento de um filtro lento é interessante analisar os aspectos principais de qualidade de água para uso humano.

As características de águas de rio ou de nascente podem ser divididas em:
- *Cor*
  Causada por sais dissolvidos (em solução). Geralmente, a limitação de cor é devida a problema estético.
- *Turbidez*
  Causada por alguns compostos em suspensão. Se não houvesse poluição na bacia por micro-organismos causadores de doenças, a remoção de turbidez de água seria, como no caso da cor, um problema estético. Acontece que, quando há poluição por micro-organismos, estes alojam-se em grânulos (colônias) aderentes a sólidos que estão em suspensão. Eliminar, pois, turbidez é retirar sólidos em suspensão, no intuito de eliminar possíveis micro-organismos causadores de doenças.
- *Compostos químicos* (sais naturais)
  Regra geral, esses produtos não preocupam em bacias não poluídas. Raríssimos são os rios que possuem, em condições naturais, produtos químicos em teores causadores de problema sanitário.

Quando se tem água de fontes, riachos de bacias de escassa ocupação humana ou de criação de animais, e quando essas águas têm baixos teores de

---
* No tratamento com filtros lentos não se usam os coagulantes, só se usa cloro.

cor e turbidez (cor + turbidez menor que 50), pode-se tratá-las diretamente em filtros lentos de areia sem decantação e sem adição de produtos químicos. Usamos, nesses casos, os chamados filtros lentos. Por quê filtros lentos? São filtros lentos porque a vazão de água aplicada por metro quadrado de filtro é menor que nos chamados filtros rápidos, e portanto sua velocidade de filtração é menor[*].

O filtro lento:

- Elimina razoavelmente a cor. Esta não é eliminada completamente, pois é causada por certos sais dissolvidos, não retidos na ação de coar do filtro.

- Elimina eficientemente a turbidez. Ao remover sólidos em suspensão que causam turbidez podem remover também micro-organismos, se eles existirem.

Como se projetam filtros lentos?

a. O primeiro critério é a taxa de filtração. Normalmente, usam-se taxas de 2,5 a 10 $m^3/m^2 \cdot$ dia.

b. Deve-se ter, no mínimo, duas unidades pois o filtro lento fica colmatado periodicamente e exige algum tempo para sua limpeza; no projeto, então, considera-se sempre um filtro em manutenção fora de uso.

c. Normalmente, a forma em planta do filtro lento é retangular, 1:2.

d. No início da operação do filtro lento a resistência ao escoamento é baixa (a areia está limpa) e isso pode causar problemas de altas velocidades de escoamento no meio poroso, impedindo a ação da filtração. Para evitar esse fenômeno, o sistema de drenagem é dotado de uma válvula na saída com vazão regulável, controlando-se a velocidade de filtração. Com o tempo de funcionamento do filtro a areia vai se sujando e a válvula de saída deve ser progressivamente aberta, compensando a redução da velocidade de filtração.

e. Como é construído o filtro lento?
A primeira camada superior (1,2 a 1,5 m) é de areia. Essa areia deve ter tamanho efetivo de 0,25 mm a 0,35 mm e coeficiente de uniformidade de 2 a 3. A espessura de camada de areia é a camada filtrante. Abaixo da camada de areia vem uma camada de pedregulho (30 cm). No fim vai o sistema de drenos assentados dentro de um leito de pedregulhos. A camada de pedregulho impede que a areia passe e entupa o sistema de drenos. O sistema de drenos corre no fundo do filtro lento e é ligado à saída do filtro onde está a válvula de controle (por exemplo, válvula de gaveta).

---

[*] A granulometria do leito filtrante nos filtros lentos obriga a água a escoar com menor velocidade.

f. Período de trabalho do filtro lento
   Dependendo dos sólidos que vêm na água o filtro vai se sujando, aumentando a perda de carga no meio filtrante, denunciado pela elevação do nível de água no tanque. Se a válvula de saída já estiver totalmente aberta a solução única é parar o filtro e limpá-la. O período de trabalho de um filtro lento é de 2 a 3 semanas entre raspagens.

g. Limpeza de um filtro lento
   Normalmente, basta raspar os primeiros 10 cm de areia, recolhê-los, lavá-los e devolver ao leito.

h. Exemplo de dimensionamento de um filtro lento:
   Vamos atender a 1.500 pessoas. Admitamos uma cota *per capita* de 150 L/dia. O volume diário a tratar será de:

$$V = 1.500 \cdot 150 = 225.000 \; V = 225 \text{ m}^3$$

- Taxa de filtração = 2,5 m^3/m$^2 \cdot$ dia
- Área de um filtro

$$\frac{225}{2,5} = 90 \text{ m}^2$$

- Formato retangular (1 : 2)

$$a \cdot b = 90$$
$$2a \cdot a = 90$$
$$a^2 = 45$$
$$a = 6,7$$
$$b = 13,5$$

Usaremos 2 filtros, cada um com dimensões de 6,7 × 13,5 m.

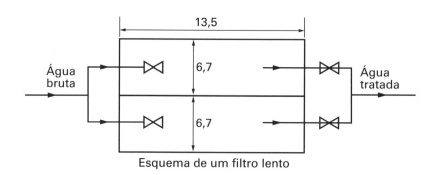

Esquema de um filtro lento

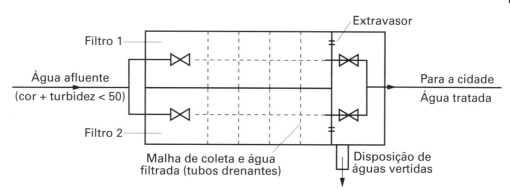

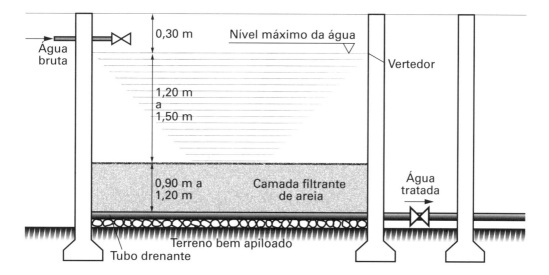

O que faz o sucesso de um filtro lento?
- Ação física capaz de coar que retém partículas maiores que a distância entre os grãos de areia.
- Ação biológica na superfície dos grãos de areia que retém partículas menores que a distância entre os grãos.
- Ação bacteriana (desinfetante).

O que pode melhorar o funcionamento do filtro lento?
- A água a ele dirigida deve, em alguns casos, sofrer antes alguma decantação que remova partículas maiores. Isso espaçará as paradas para lavagem dos filtros.
- Uma boa distribuição granulométrica da areia. Evitar areias de tamanho uniforme. Usar areia de grãos de vários tamanhos (dentro do tamanho efetivo). Para isso, peneira-se a areia em várias peneiras obtendo-se areia grossa, média e fina. Depois, junta-se partes iguais de cada uma delas e mistura-se bem. Obtém-se assim uma areia de granulometria variada tal que grãos menores ocupem os espaços entre os grãos maiores.

Veja a ilustração:

E o que faz os filtros lentos não serem mais usados?
Bem, filtro lento não usa equipamento, não usa produto químico. Alguém já viu catálogo colorido de filtro lento?
Vamos mudar de assunto?

Referências Bibliográficas

Filtração Lenta, Azevedo Netto e Ivanildo Hespanhol, Curso por Correspondência, Cetesb, lição 23.

Bibliografia para avanço de estudos:
Técnica de Abastecimento e Tratamento de Água, Azevedo Netto e outros, Cetesb.

Pensamentos críticos sobre a qualidade da água

- Água da pior qualidade é a água que não existe. O ser humano precisa ingerir água no mínimo, de 1 a 3 litros por dia e água além da água para higiene pessoal e de utensílios.
- O critério mínimo (minimorum) e qualidade da água é:
Critério de turbidez mais critério de teor mínimo de cloro na água. Toda água deve ser clorada.

3.5. Sistema de águas pluviais

Pensemos um pouco. O que é um sistema de esgotos?
É um sistema que coleta os esgotos de várias casas, de uma cidade e o dispõe adequadamente.
Por que se implanta o sistema de esgotos?
Porque a proximidade ou o contato com o esgoto pode causar doenças, incômodos ou desconforto.
Tudo isso quanto ao sistema de esgotos.
E quanto ao sistema pluvial? Qual é a sua função?
Não é fácil definir. Exemplos podem explicar melhor.

Exemplo 1

A Rua Augusta em São Paulo é de grande declividade e recebe contribuições pluviais de várias ruas transversais. Na época de chuvas médias ou intensas as sarjetas ficam cheias de água, que reflui e causam transtornos aos pedestres, podendo até entrar nas lojas ali existentes. Se houvesse uma tubulação de águas pluviais nessa rua com suas bocas de lobo, a água da chuva escoaria pelas sarjetas, seria captada nas bocas de lobo, iria depois para os tubos e não causaria danos aos transeuntes.

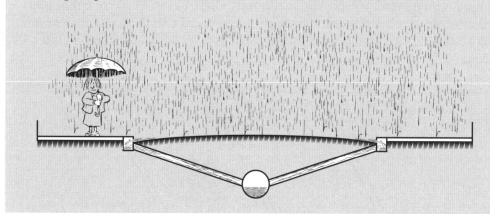

Exemplo 2

Às vezes, por falta de arruamento e urbanização, ocorrem bolsões, panelas, ou seja, pontos baixos em algumas ruas. Se não houver uma drenagem, a água ficará empoçada e os carros, ao passarem, jogarão água nos pedestres e nos outros carros. Uma boca de lobo ligada ao tubo pluvial resolveria a questão.

Exemplo 3

Em Santos, Ilha de São Vicente, no começo do século XX ocupando um terreno quase que totalmente plano, as chuvas formavam lagoas que demoravam para secar face à pequena declividade do terreno (pequeno desnível até o mar). Essas lagoas eram foco de mosquitos difíceis de serem combatidos, pois não existiam inseticidas na época.
Como drenar essas águas? O mar estava distante (distância L em relação às poças de água) e o desnível (ΔH entre as lagoas e o mar) era pequeno, ou seja, $\Delta H/L$ era pequeno.

O problema foi resolvido, na época, pelo Engenheiro Saturnino de Brito. Veja pelos desenhos a situação.

Como o Mestre Saturnino não podia mexer em ΔH, mexeu em L, ou seja, aumentou o resultado da fração diminuindo L. Como? Trouxe o mar para dentro da ilha!! Criou canais de drenagem. Os canais de Santos foram cortados de cabo a rabo da ilha aproximando as lagoas ao nível do mar. Veja:

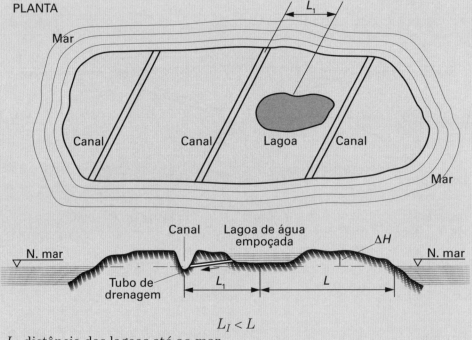

$L_I < L$

L: distância das lagoas até ao mar.
Logo:

$$\frac{\Delta H}{L_I} > \frac{\Delta H}{L}$$

L_I: distância das lagoas até ao canal.

Aumentando-se a declividade disponível, as lagoas de água parada foram drenadas pois a água escoou facilmente para os canais. Nesse caso, o sistema pluvial-marítimo, atendeu a razões de alta importância sanitária.

Exemplo 4

Quando se faz um loteamento, removendo-se o solo superficial onde havia equilíbrio e havia proteção de vegetação, deve-se fazer um sistema de drenagem, em canaletas, escadas e tubos enterrados de águas pluviais. Nesse caso, as razões estão ligadas à conservação de taludes, razões estéticas e econômicas. Se não fizer esse sistema, o terreno será erodido podendo-se até perder lotes e surgirem voçorocas. É uma outra razão para se implantar um sistema pluvial (ver Voçoroca, item 4.5). Ver meu livro "Águas de chuva" (Editora Blucher).

Exemplo 5

As águas pluviais tem grande capacidade de destruição de pavimentos. A existência de galerias pluviais pode diminuir sensivelmente essa destruição do pavimento. Quem não acredita nessa capacidade de erosão das águas de chuva, basta andar a pé por ruas asfaltadas depois de chuvas fortes. Observe pedras arrancadas do asfalto que, depois de rolarem, ajudam ainda a ação erosiva das águas.

Conclusão

Pelos cinco exemplos citados vê-se que não é fácil definir o que seja um sistema de águas pluviais. Mas, tentemos:

- Sistema de Águas Pluviais é um conjunto de providências e obras, que obrigam as águas de chuva a percorrer caminhos adequados para não causar danos de vários tipos.

São elementos de um sistema adequado de águas pluviais:

- Correto arruamento para não criar concentração exagerada de ruas com alta declividade. Por exemplo, em loteamentos em vales, preferir ruas que não cortem ortogonalmente curvas de nível.
- Declividades transversais adequadas no leito carroçável para jogar as águas para as sarjetas, funcionando estas como minicanais pluviais.
- Canaletas de coleta de água ao ar livre.
- Escadas que fazem as águas pluviais descer em ladeiras, sem contato com terrenos erodíveis.
- Bocas de lobo que recolhem águas pluviais em excesso, transportando-as, em seguida, para condutos enterrados ou a céu aberto.
- Tubulações enterradas que levam a água até seu destino (córrego ou qualquer corpo de água).

O princípio básico de planejamento de sistemas pluviais é coletar o mínimo e largar essa vazão no córrego mais próximo. Assim, como o destino das águas pluviais é sempre um córrego ou um rio, é sempre desinteressante alongar desnecessariamente seu comprimento. Chegando próximo a um córrego, nele se descarrega.

Às vezes, por falhas de urbanização, os córregos têm pequena capacidade e suas margens estão ocupadas por edificações, não proporcionando um aumento de seção (e, portanto, de capacidade). Nesses casos, a galeria pluvial pode ir até a um córrego maior ou rio.

Quando há intensa urbanização, o sistema de águas pluviais confunde-se com rios. É o caso do Córrego Pacaembu em São Paulo. As galerias pluviais desse vale descarregavam suas águas no córrego, que era insuficiente e inundava as avenidas marginais. O córrego foi canalizado, virando um grande coletor de águas pluviais e hoje não se pode diferenciar o que é o sistema de galerias e o que é o córrego[*].

3.5.1. Soluções de águas pluviais

3.5.1.1. Sarjetas

A correta declividade transversal do centro para as bordas do leito carroçável permite o uso das sarjetas como sistema de condução das águas pluviais, diminuindo a ação erosiva das águas sobre o pavimento.

3.5.1.2. Bocas de lobo e galerias

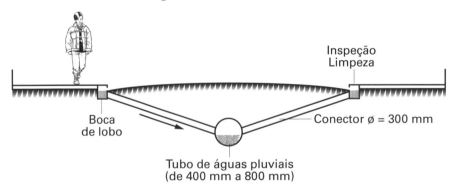

---

[*] No córrego Pacaembu, foi construído o primeiro reservatório de contenção de cheias em áreas urbanas, que ganhou o nome de "piscinão".

Quando a sarjeta não tem capacidade de escoar sem extravasar usa-se o sistema de bocas de lobo e canalização em tubos para captar o excesso de vazão.

3.5.1.3. Escadas pluviais

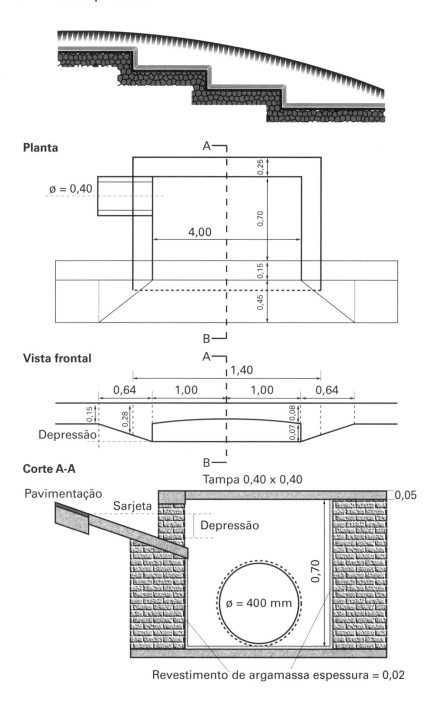

Referências Bibliográficas

WILKEN, Paulo Sampaio. *Engenharia de drenagem superficial*, Cetesb.
Drenagem Urbana – Manual de Projetos, vários Autores, DAEE, Cetesb.
BOTELHO, Manoel Henrique Campos. *Águas de chuva*. São Paulo: Blucher.

Nota curiosa

- Numa cidade, com boa infraestrutura sanitária, qual é a extensão maior: a da rede de esgoto sanitário ou a rede de águas pluviais? A resposta é simples.
  Sempre, mas sempre mesmo, a rede de esgoto sanitário tem que ser maior que a rede de águas pluviais, pois, pensando em grandes números nas cidades com boa infraestrutura:
  • porcentagem das ruas com redes de esgoto: de 80% a 100%
  • porcentagem das ruas com rede pluviais: de 0 a 20%

3.6. Jogando fora adequadamente os esgotos de residências – Fossas

Não é adequado explicar a disposição de esgotos sem falar do problema do suprimento de água.

Consideremos três casos.

3.6.1. Caso 1

Um bairro é dotado de rede pública de distribuição de água e de coleta de esgotos. Dessa maneira, o esquema será:

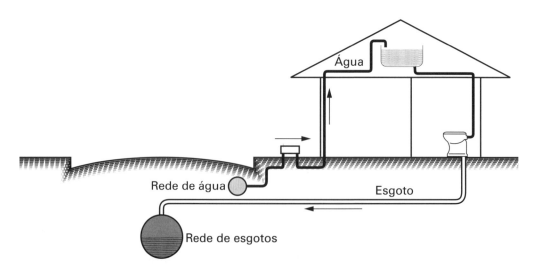

Logo, quando se tem os dois serviços públicos, toma-se água da rede e lança-se esgoto na rede de esgoto. Precisa-se explicar mais?

3.6.2. Caso 2

Um bairro é dotado de rede de água e não tem rede de esgoto. Se o bairro tem sistema de água entende-se que não haja uso sanitário da água do lençol freático e, portanto, a disposição do esgoto não trará maiores problemas sanitários. A questão é dispor o esgoto de maneira a não causar problema para cada produtor da água residuária.

Uma solução muito usada é fazer um poço pouco profundo (fossa negra) e lançar nele os esgotos. Não há dúvida que isso pode poluir o lençol freático, mas estamos admitindo que o mesmo não tem uso sanitário, não gerando, portanto, preocupação.

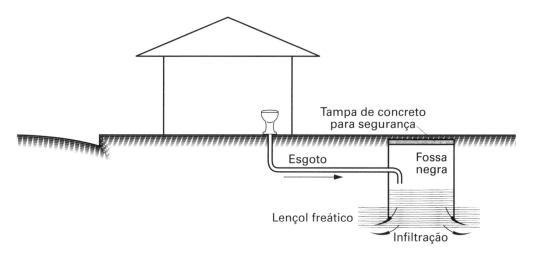

A experiência mostra que, inicialmente, essa solução funciona razoavelmente, o esgoto infiltra-se no terreno e durante alguns meses (ou anos) o terreno absorve o esgoto. Se o terreno for arenoso a água infiltra com mais facilidade e se for argiloso, com mais dificuldade.

Passados alguns meses (ou anos) as paredes do poço colmatam-se (impermeabilizam-se) e haverá extravasão do esgoto. A solução é construir outro poço absorvente. Mostra a prática que se fizermos um segundo poço em série, o primeiro poço funciona como um decantador e o segundo como absorvente, dando maior vida útil ao sistema, se comparado com o uso exclusivo da fossa negra[*].

---

[*] O teor de sólidos no esgoto é baixo, extremamente baixo. Em um litro de esgoto (1.000 gramas) o teor máximo de sólidos é de 1 (um) grama. Uma fossa quando enche, nunca se enche de sólidos; enche-se de líquidos que não conseguiram drenar para o solo face à colmatação (impermeabilização) das paredes do terreno que formam a fossa.

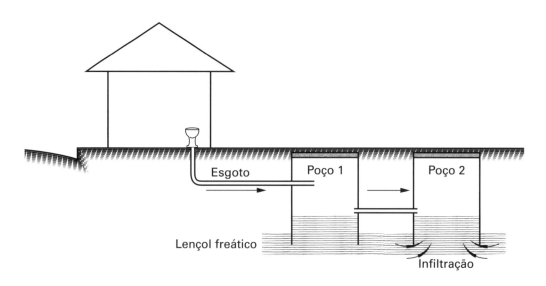

O efluente do poço 1 tem poucos sólidos[*], diminuindo a colmatação do poço 2. A contaminação do lençol não preocupa, pois ele não é usado para captação de água (premissa do caso 2).

3.6.3. Caso 3

A região não tem rede de água ou esgoto; a água para consumo humano é retirada do lençol freático. Aí a situação muda de figura. Temos de dispor os esgotos de forma cuidadosa para minimizar os prejuízos à qualidade do lençol freático. Usam-se nesse caso:
- fossa séptica
- infiltração controlada do efluente da fossa séptica

Qual é a função da fossa séptica?
A fossa séptica é uma construção impermeabilizada, de alvenaria, de plástico ou de concreto onde ocorre a depuração do material pesado (sólidos) e ocorre uma certa mortandade de organismos patogênicos (que causam doenças).
Qual a importância da infiltração controlada?
É prever-se um sistema de infiltração do esgoto de maneira a afastá-lo ao máximo do lençol freático, ou seja, o esgoto caminha muito antes de chegar a atingir e se diluir no lençol freático. A infiltração de esgotos, depois de passar por fossas sépticas, é muito favorecida pois os sólidos ficaram na fossa séptica

---

[*] Vimos que o esgoto tem poucos sólidos, portanto o efluente do poço 1 terá pouquíssimos sólidos.

e o líquido sofreu, então, um tratamento parcial.

Como infiltrar sob controle?

Utilizam-se tubos perfurados ou tubos comuns de cerâmica (barro) sem fechamento de juntas. Quanto mais alta for a posição desses tubos, mais distante do lençol estarão; o esgoto chegará ao lençol filtrado, e mortos os organismos nocivos.

Como saber as extensões dessas linhas de infiltração?

Apelando-se para os números mágicos.
- Se o solo for de cascalho ou areia (grande porosidade) 10 m/hab.
- Se o solo for de areia argilosa (arenoso mas com argila) 15 m/hab.
- Se o solo for argilo-arenoso (argiloso mas com mistura de areia) 20 m/hab.

Veja os esquemas:

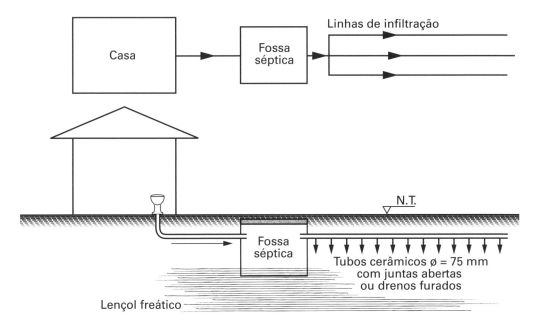

Observe que, com o uso continuo da fossa séptica, há um acúmulo progressivo de lodo na fossa que deve ser periodicamente retirado. Por exemplo, por caminhões-fossa. Como uma fossa necessita de certo tempo para entrar em boa operação (lá não ocorrem só fenômenos físicos, mais sim bioquímicos) não é correto esvaziar por completo o lodo da fossa. Deixar sempre um pouco de lodo ajuda os processos que lá ocorrem.

É altamente interessante colocar-se a tubulação drenante de esgoto final, imersa em um envolvente de brita pois, então, a ação da depuração biológica do esgoto se acelera. Cobre-se essa caixa com papel alcatroado (impermeabilizado) para evitar entrada de água pluvial.

Veja o esquema:

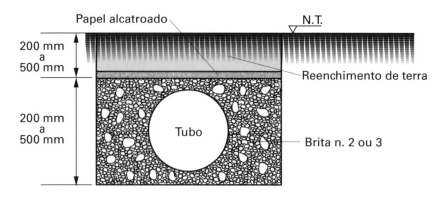

Mesmo com o efeito positivo da fossa séptica de remoção de sólidos, há uma tendência de, ao longo das anos, se entupirem as linhas de infiltração. A solução é a sua duplicação. Mostra a experiência que as linhas velhas abandonadas com o tempo voltam a ficar boas. Mas, talvez, aí já tenha chegado a rede pública de esgotos na rua e então deve-se abandonar a fossa séptica.

Como se determina o tamanho de uma fossa séptica?

O caderno n. 7 da Associação Brasileira de Cimento Portland dá as dimensões finais para os casos mais comuns.

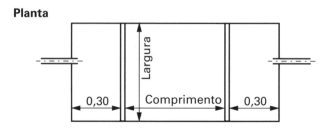

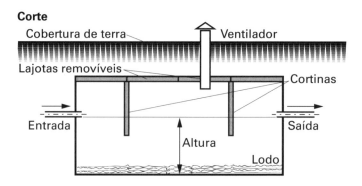

Número de pessoas a servir	Dimensões internas (cm)		
	Comprimento	Largura	Altura
Até 7	200	115	115
Até 10	210	115	115
Até 15	220	115	115
Até 20	230	120	150

As dimensões indicadas no boletim citado são adequadas.

Para aprofundamento da questão fossa séptica consultar a norma NBR 7229 ABNT, que dá amplas informações sobre tipos, soluções e critérios de dimensionamento para os vários casos possíveis de uso.

Nos casos em que não há espaço para construir as linhas de infiltração, uma solução é encaminhar o efluente de fossa séptica para poços de absorção. Veja:

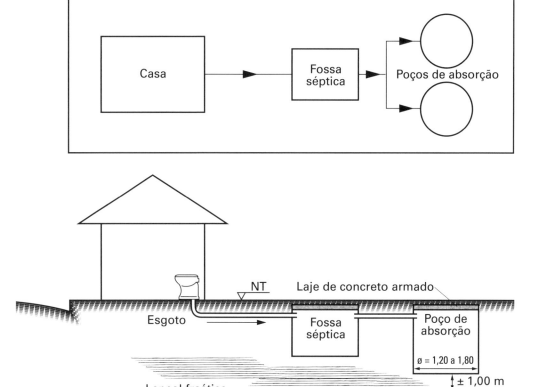

Normalmente, as taxas usadas para a determinação do número e do diâmetro desses poços absorventes são:

- escolas   0,2 a 1 m²/pessoa
- residências   0,6 a 3 m²/pessoa

Referências Bibliográficas

HESS, Max Lothar. 9º Congresso Brasileiro de Engenharia Sanitária, p. 95.

AZEVEDO NETTO, José M. de, *O destino das águas de esgoto de prédios escolas situados em zonas desprovidas de coletores sanitários*. Engenharia, p. 505 a 511. jul. 1949.

ABNT. Instalação Predial de Esgoto Sanitário – Procedimento.

ABNT. Construção e Instalação de Fossas Sépticas e Disposições dos Efluentes Finais, NBR 7229

3.7. Sistemas públicos de redes de esgotos – Regras para um dimensionamento prático – Regras para a construção

3.7.1. Introdução

Numa cidade, os esgotos das casas (banheiros, cozinhas etc.) devem ir para uma rede própria que os encaminhe para um destino adequado (exemplo, lagoa de tratamento, cujo efluente vai para o rio). As águas pluviais, coletadas no sistema pluvial são enviadas para o rio ou córrego mais próximo.

Redes de esgoto e rede pluvial são (ou deveriam ser) sistemas independentes sem comunicação. É o sistema separador absoluto.

Deficiências urbanas, entretanto, têm feito que esgotos sejam dirigidos a redes pluviais (caso de rua sem esgoto em que os efluentes de fossas correm pela sarjeta e chegam às bocas de lobo do sistema pluvial) e, às vezes, águas pluviais de telhados de residências são ligadas ao sistema predial de esgoto sendo erradamente ligadas à rede pública de esgoto.

Vamos nos ater ao princípio de que estamos no Sistema Separador Absoluto e que na rede de esgoto só vão esgotos de banheiros, cozinhas e águas de lavagem de roupa.

Veja:

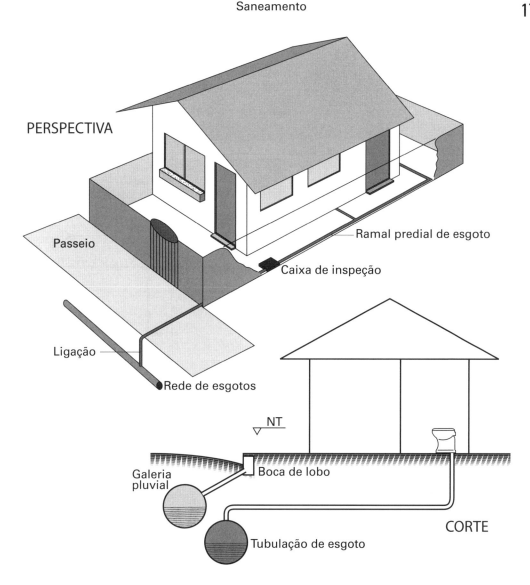

3.7.2. Elementos de rede de esgoto

3.7.2.1. Rede de coleta

A rede de coleta é feita por um sistema de tubos (manilha de barro ou de plástico), diâmetro mínimo 150 mm[*], que recebe casa por casa a ligação de esgotos. A rede cresce até o diâmetro de 300 mm.

A partir desse diâmetro usam-se tubos de concreto que não permitem ligações prediais. Nesse caso, paralelo a esse tubo, corre uma tubulação de coleta e a ligação entre as duas tubulações é feita em caixas ou poços de visita (PV).

---

[*] Na cidade de São Paulo, o diâmetro mínimo adotado é de 200 mm.

3.7.2.2. Poços de visita

São pontos de acesso à rede, localizados principalmente em cruzamento de ruas.

Veja:

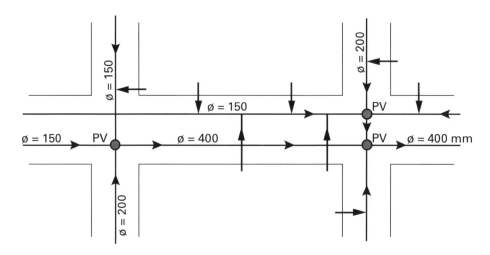

Para consulta sobre redes prediais de esgoto, água potável e águas pluviais, sugere-se o livro deste autor com o Eng. Geraldo de Andrade Ribeiro Jr., *Instalações Hidráulicas e Prediais usando Tubos de PVC e PPR*. Editora Blucher <www.blucher.com.br>.

> **Notas**
> 1 Consultar também: ABNT NBR 16.085 (2012) "Poços de visita e poços de inspeção para sistemas enterrados - Requisitos e métodos e ensaio".
> 2 Em países mais desenvolvidos o empregado da concessionaria de esgotos e água pluviais só entra no poço de visita quando existe insuflação mecânica de ar.
> 3 Para consultar lista de normas ABN, verificar <www.abntcatalogo.com.br>.

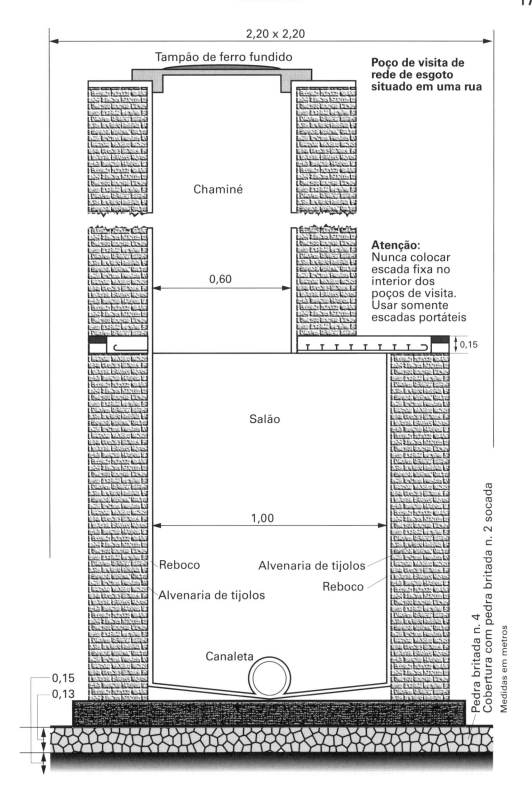

3.7.2.3. Coletores tronco

São tubulações de maior diâmetro que não recebem diretamente ligações prediais e que são alimentados pela rede nos poços de visita.

3.7.2.4. Interceptores

São coletores tronco junto a rios.

3.7.2.5. Emissários

Após a chegada do último coletor tem-se o emissário. Sua vazão de esgoto é constante até o local da disposição.

3.7.2.6. Estações elevatórias

Em terrenos planos há necessidade, às vezes, de elevar o esgoto para diminuir o custo de construção, se a rede estiver muito profunda.

3.7.2.7. Tratamento

Um exemplo: lagoa de estabilização.

3.7.3. Funcionamento da rede

A rede de esgotos funciona sem pressão*. O líquido desce por gravidade, ou seja, a rede é sempre descendente.

Veja:

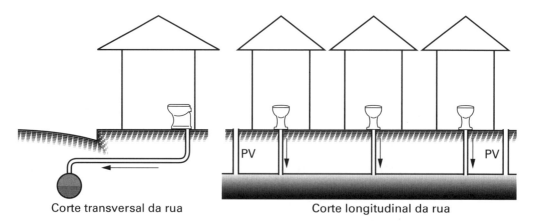

Corte transversal da rua   Corte longitudinal da rua

---

* As boas, só as boas. Quando há sobrecarga, a rede funciona com pressão, reflui e pode sair pelos poços de visita.

Observação

- Projetam-se as redes de maneira que, com a máxima vazão prevista as tubulações funcionem a 1/2 seção.

3.7.4. Um exemplo de um sistema de esgotos

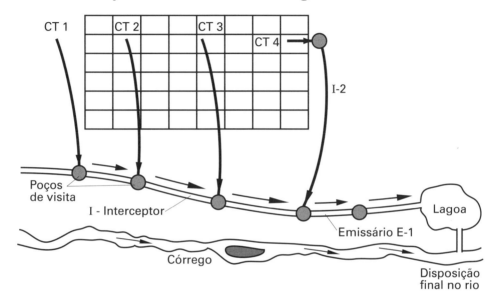

Como se calcula uma rede de esgoto?

Primeiro um alerta. O projeto e a implantação de uma rede de esgoto tem que levar em conta a topografia da região. Excelente topografia é necessário para:
- Conceber à rede.
- Implantar a rede.

Há redes de esgotos abandonados pelo fato de ter sido péssima a sua topografia de referência. O esgoto não escoava. Refluía.

O cálculo de rede, trecho por trecho, se baseará no confronto de suas condicionantes:
- Vazões que chegam à rede, trazidas pelas casas e pelos trechos de redes de montante.
- Capacidade hidráulica dos tubos em transportar, sem transbordar, essas vazões.

A capacidade do trecho da rede é função:
- do diâmetro da tubulação no trecho
- da declividade da tubulação no trecho

3.7.5. Exemplo de dimensionamento

Imaginemos que vamos projetar a rede de esgotos de uma pequena cidade de 5.000 habitantes (população atual). Por ser uma obra de difícil ampliação, vamos dar uma folga e projetá-la com capacidade que atenda até uma população dupla, ou seja, 10.000 habitantes.

A vazão de esgoto a recolher no final desse plano será calculada pela fórmula:

$$Q_{esgoto} = P \cdot Q \cdot K_1 \cdot K_2 \cdot C$$

onde:

$P =$ população de projeto 10.000 hab.

$Q =$ quota de água distribuída na cidade $\rightarrow Q = 150$ a 300 L/dia por habitante. No nosso caso $Q = 200$ L/dia

$K_1 =$ coeficiente de consumo de água em dias muito quentes $K_1 = 1,25$

$K_2 =$ coeficiente de consumo de água em horas de pico, em dias quentes $K_2 = 1,5$

$C =$ conversão de água em esgoto $C = 0,85$

No nosso caso

$$Q_{esgoto} = 10.000 \cdot 200 \cdot 1,25 \cdot 1,5 \cdot 0,85 = 3.190 \text{ m}^3/\text{dia}$$

Essa vazão em L/s será:

$$Q \text{ (L/s)} = \frac{3.190.000}{86.400} = 37 \text{ L/s}$$

A essa vazão de esgotos deve-se acrescer a vazão de infiltração. Essa vazão de infiltração é devida a:

- ligações clandestinas de águas pluviais (sempre existentes)
- infiltrações de águas pluviais nos poços de visita e nas ligações malfeitas da conexão de ligação predial à rede.

As normas fixam a vazão de infiltração como um coeficiente aplicado à extensão da rede. Nesse nosso exemplo, por razões de simplificação didática, fixamos em 30% da vazão de esgoto como sendo a vazão de infiltração. Logo, a vazão máxima de esgoto que chegará ao emissário será:

$$Q_{final} = 37 \times 1,3 = 48 \text{ L/s}$$

Admitamos agora, do estudo da urbanização de área de sua expansão, que a rede de esgotos para atender a população de projeto de 10.000 habitantes tenha a extensão de 5 km (0,5 m/hab). Podemos, então, em primeira aproximação, admitir que a vazão de esgoto será coletada e crescerá ao longo da rede com a taxa de 48 L/s/5.000. Assim, um trecho de rede de 350 metros, e que não receba contribuição de montante, escoará no seu final, uma vazão de (48 L/s · 5.000) · 350 = 3,4 L/s.

Veja:

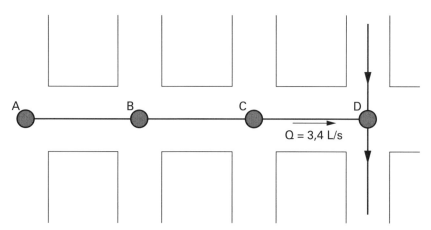

Trecho A, B, C e D: 350 m; vazão em D: 3,4 L/s.

Traçada a rede de esgoto, pelo coeficiente de contribuição 48 L/s/5.000 m sabe-se trecho por trecho de rede a vazão a escoar.

3.7.6. Características da rede

Para se saber o diâmetro do tubo a usar e sua declividade adotam-se os procedimentos:
- Procurar sempre fazer rede rasa, respeitado o recobrimento mínimo de 1,5 m, de forma a permitir ligações prediais.
- O diâmetro mínimo da tubulação levará em conta que ele trabalhará no máximo a 1/2 seção hidráulica.
- Observar declividades mínimas para cada tubulação. Essa declividade mínima evita entupimentos. Observe as limitações a seguir:

Diâmetros (mm)	Declividades mínimas (m/m)
150	0,007
200	0,005
250	0,0035
300	0,0025
400	0,002

> ### Nota
>
> - Um relatório sobre a situação sanitária de uma pequena cidade sem rede de esgotos e sem rede de água caiu nas mãos do saudoso professor Azevedo Netto. Quem fizera o relatório era um jovem engenheiro. O relatório dizia:
> "A cidade precisa urgente de uma rede de água. Não é visível a necessidade de rede de esgotos, pois não há esgoto correndo nas sarjetas."
> O professor Azevedo comentou:
> "– Não há esgoto correndo nas sarjetas pelo baixo consumo de água. Coloque uma rede de água e surgirá o esgoto correndo nas sarjetas..."
> Foi o que aconteceu. Poucos anos depois um novo relatório dizia:
> "– É urgente construir a rede de esgotos."

3.7.7. Regras para a construção da rede

Algumas precauções para a construção da rede de esgotos (válidas também parcialmente para redes pluviais) são:

1. Rede de esgoto é obra enterrada, de difícil reparo e difícil controle de construção. Face a isso torna-se vital uma rígida fiscalização durante a construção.

2. No recebimento, os tubos cerâmicos e de concreto devem ser testados um a um, por percussão, por pessoal habilitado. O tom não metálico pode indicar rachaduras. Não aceitar esses tubos, usar tubos plásticos.

3. Rigorosa locação topográfica incluindo nivelamento e contranivelamento, com piquetes de 20 em 20 m e com piquetes nos poços de visita. Os "grades" das tubulações devem ser retilíneos, seguindo rigorosamente as declividades do projeto.

4. Os serviços de assentamento de canalizações de esgotos devem ser feitos com extremo cuidado.

5. As fundações das manilhas e tubos devem ser tecnicamente garantidas contra possibilidade de recalque. Se o terreno de fundação for muito firme, recomenda-se somente a compactação enérgica de todo o fundo da vala, antes de iniciar o assentamento dos tubos. No caso de terrenos menos firmes poderá ser necessário a construção de um lastro de pedra, podendo até usar estacas.

6. A base de apoio dos tubos poderá ser do tipo 2, 3 ou 4. A função da base é propiciar bom apoio ao tubo e diminuir os esforços a ele dirigidos por cargas externas.

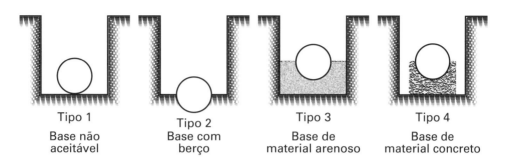

Tipo 1 — Base não aceitável
Tipo 2 — Base com berço
Tipo 3 — Base de material arenoso
Tipo 4 — Base de material concreto

7. Importantíssimo. O reaterro das valas até a altura de 60 cm acima da geratriz superior dos tubos, deve ser compactado manualmente, em camadas de 20 cm. O objetivo é formar um envelope de proteção ao tubo de forma que as cargas externas não sejam transmitidas ao tubo. O restante do aterro de vale até o nível do terreno será compactado por equipamento e com terra de boa qualidade.

8. As juntas das manilhas devem ser estanques e submetidas à prova de fumaça. Para isso, usar a máquina de fumaça que queima madeira verde. Juntas malfeitas ou tubos trincados são denunciados pela fumaça. A construção da rede de esgotos da cidade de Valinhos, SP, onde foi usada a máquina de fumaça, teve ótimos resultados com esse controle.
Veja:

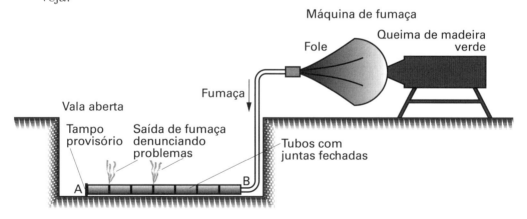

9. Os cortes de tubos para ligação domiciliar devem ser feitos com cuidado e os orifícios devem ser protegidos por juntas rigorosamente estanques.

10. Os poços de visita devem ser cuidadosamente revestidos com argamassa de cimento e areia para evitar infiltrações de água. As canaletas dos poços devem ser regulares e limpas de quaisquer detritos ou incrustações de argamassas.

11. A fiscalização deve ser contínua.

Referências Bibliográficas

Sistemas de Esgotos Sanitários, Diversos autores, Cetesb.

Planejamento e Projeto dos Sistemas Urbanos de Esgotos Sanitários, Francílio Paes Leme, BNH, ABES, Cetesb.

NBR 9649 – Elaboração de Projeto de Redes de Esgotos Sanitários.

> **Nota**
>
> - Depoimento do saudoso Eng. Marcio Ribeiro, atuante sanitarista em Campinas, SP sobre o enormemente criticado (muito simples e singelo) teste de fumaça para redes de esgotos e redes pluviais:
> "O teste de fumaça só detecta cerca de 80% das falhas de uma rede de esgoto em construção mas, mesmo assim, seus resultados globais são maravilhosos pois:
> 1) é uma técnica muito barata,
> 2) o construtor sabendo que vai ter teste de fumaça, por cautela, faz uma obra melhor,
> 3) e o teste de fumaça ainda detecta nessa rede, melhor construída, 80% das falhas.
> Quer coisa melhor?"

3.8. Noções de tratamento de esgoto – Lagoas de estabilização – Cálculo pelo número mágico – Disposições construtivas

Os esgotos da cidade, se lançados sem tratamento em rios, sempre causam a sua poluição devido, principalmente, à matéria orgânica (açúcares, proteínas etc.) presente nessas águas residuárias e que serve de alimento para as bactérias. Estas, ao se alimentarem, retiram oxigênio do rio, podendo essa retirada ser tão expressiva que chega a causar mortandade dos peixes face à diminuição do oxigênio dissolvido. Tratar os esgotos da cidade é uma medida recomendável, principalmente se existirem usos sanitários do rio receptor a jusante da cidade que lança os esgotos.

Um dos processos é a lagoa de estabilização, que apresenta eficiência bastante alta.

O que é, e como se dimensiona a lagoa de estabilização do tipo facultativo?

Lagoa de estabilização é uma lagoa artificial (ou natural) com profundidade de água da ordem de 1,0 ou 1,5 metros em que o esgoto é lançado bruto e na qual é melhorada a qualidade do efluente. O critério de um dimensionamento expedito para as lagoas facultativas é da ordem de 3 a 4 m/habitante (número mágico).

Saneamento

A forma da lagoa pode ser qualquer (porém sem muitas irregularidades) e a profundidade é assegurada por um vertedor de saída que garante uma altura de 1,0 (mínima) a 2,0 (máxima), sendo a altura da operação 1,5 m. A entrada do esgoto bruto é por cima ou afogada.

O esgoto deve ser lançado bruto à lagoa (sem remoção de areia e sem gradeamento).

A que se deve o tratamento que ocorre nas lagoas?

Os responsáveis são dois seres: algas e bactérias. Veja suas atuações:

- Algas

  Micro-organismos que proliferam nas lagoas graças à insolação e aos nutrientes (sais minerais) trazidos pelos esgotos. As algas são de cor verde que transferem à massa líquida quando o funcionamento da lagoa é adequado. As algas liberam muito oxigênio, que é fundamental para a sobrevivência e ação do segundo ser: a bactéria.

- Bactérias

  Micro-organismos que decompõem a matéria orgânica dos esgotos, utilizam o oxigênio liberado pelas algas e liberam para estas, gás carbônico.

Tanto as algas como as bactérias se desenvolvem[*] naturalmente nas lagoas, não havendo necessidade de trazê-las, especialmente, de algum outro local. O efluente final da lagoa de estabilização é um pouco turvo devido à presença de algas que nela se desenvolvem.

Algumas regras para a construção e a operação de lagoas:

a. Definido o local, a área, a profundidade da lagoa e sua forma, o problema não é mais de engenharia sanitária. É um problema construtivo e de Mecânica dos Solos.

b. Diques. Devem ser de terra compactada. A inclinação da face do talude pode ser 1 H : 2 V ou 1 H : 3 V, mas isto depende do material usado no dique.

c. É interessante plantar grama na rampa interna do dique, desde que essa grama seja cortada periodicamente para evitar proliferação de mosquitos e de outros organismos.

d. Em princípio não se deve temer a infiltração do esgoto pelo terreno no início da operação da lagoa (esgoto que foge). A colmatação é rápida e o esgoto que infiltrou ao chegar ao rio já sofreu depuração ao longo do seu trajeto até o rio.

e. O fundo da lagoa deve ser limpo antes do início da operação.

---

* As bactérias são trazidas, normalmente, pelos esgotos.

f. O crescimento da camada de lodo no fundo da lagoa é pequeno, quase desprezível. A maior parte dos sólidos sedimentados é liquefeita pela digestão natural que se processa bioquimicamente e sai com o efluente líquido final.

g. Regra geral, as lagoas facultativas são inodoras. Quando apresentam cheiro, a causa pode ser o lançamento de despejos industriais na rede de esgotos, que podem causar problemas aos micro-organismos em ação na lagoa.

h. Às vezes, é economicamente interessante, junto à lagoa, prever casa de bombas para elevar o esgoto bruto afluente em vez de ter de afundar toda a lagoa, que em geral é construída em terrenos baixos e alagadiços.

i. O dispositivo de saída da lagoa (vertedor) deve permitir uma saída em vários níveis.

j. Duas lagoas dão mais flexibilidade que uma lagoa. Para o dimensionamento, somar as áreas. O que interessa é a área total.

k. Se possível, as lagoas devem ser cercadas para evitar a aproximação de animais e pessoas estranhas.

l. Mostra a experiência que construir uma casa para o responsável pela manutenção da lagoa dá os melhores resultados (humanos e operacionais).

Agora, fica uma pergunta: Como saber se a lagoa está funcionando bem?

Regra geral, lagoas facultativas verdes estão funcionando bem. Outro critério é mandar analisar o esgoto bruto e o efluente final que deve ser filtrado antes do exame para afastar a influência das algas.

Veja exemplo de análise de esgoto bruto e de efluente de uma lagoa.

Principais parâmetros	Esgoto bruto (mg/L)	Esgoto efluente (tratado) mg/L
Sólidos Totais	1.100	350
DBO	280	60

Entenda, agora, os significados:
- Sólidos Totais – É toda a matéria que está junto com a água do esgoto. Resulta do teste de evaporação da amostra do esgoto.
- DBO – Demanda bioquímica de oxigênio. Teste padrão que mede a concentração de matéria orgânica biodegradável. A medida é em teor de oxidação da matéria orgânica.

Saneamento

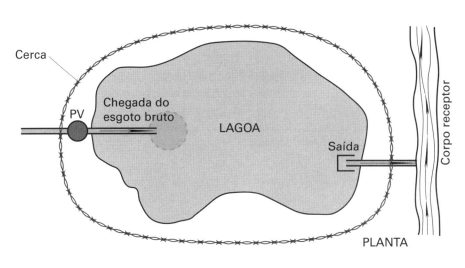

PLANTA

Planta

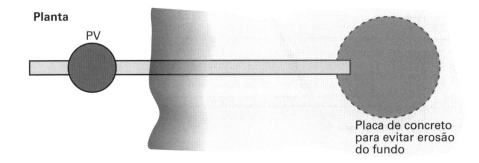

Placa de concreto para evitar erosão do fundo

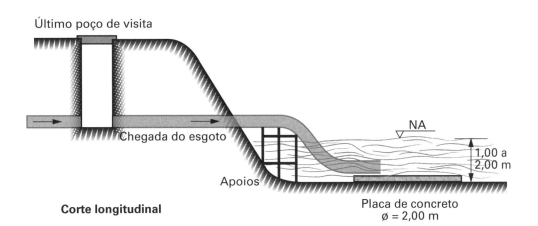

Corte longitudinal

Placa de concreto
ø = 2,00 m

PLANTA

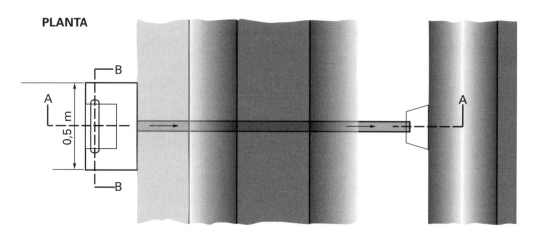

CORTE A-A

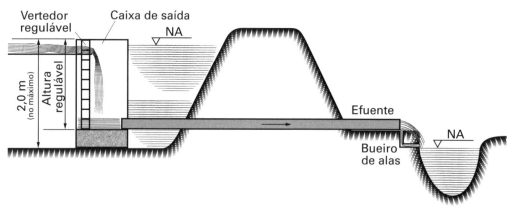

DETALHES

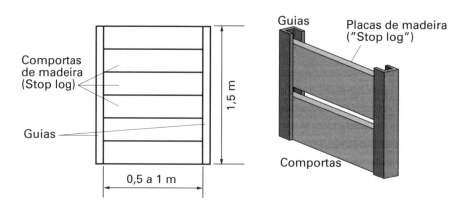

Referências Bibliográficas

A clássica obra do Prof. Benoit de Almeida Victoretti. Contribuição ao Emprego de Lagoas de Estabilização como Processo para Depuração de Esgotos Domésticos.
Tratamentos Biológicos de Águas Residuais – Lagoas de Estabilização, Salomão Anselmo Silva e David Duncan Mara, ABES.
Estabelecimento de Critérios para Dimensionamento de Lagoa de Estabilização, Hideo Kawai e outros, Revista DAE n. 127
Condições de Funcionamento de Sete Lagoas de Estabilização no Estado de são Paulo, Cetesb, Revista DAE, n. 124.
Anais do 99 Congresso Brasileiro de Engenharia Sanitária, julho 1977.
Normas da Cetesb:
L-l-009 – Manual Técnico-Avaliação de Desempenho-Operação e Manutenção de Lagoas de Estabilização.
D.3.560 – Manual de Avaliação de Desempenho de Lagoas.
P.3.240 – Manual de Projetos de Lagoas de Estabilização.
Consultar as normas ABNT
NBR 12208 – Projeto de Estações Elevadores de Esgoto Sanitário
NBR 12209 – Projeto de Estações de Tratamento de Esgoto Sanitário

3.9. Lixo – Um destino adequado – Aterro sanitário

O lixo coletado de casa em casa, de prédio em prédio, o lixo resultante da varredura das ruas, o material de poda das árvores, pequenos animais domésticos mortos etc. têm que ser afastados e dispostos. Vamos ver como não se deve dispor e como se deve dispor esses resíduos.

3.9.1. Lixão

A solução precaríssima é lançá-lo na superfície do terreno em um ponto distante da cidade. O lixão é fonte de moscas, ratos, mau cheiro, em convivência com seres humanos que fazem catação.

3.9.2. Aterro simples (aterro controlado)

Uma solução intermediária é jogar o lixo em cavas do terreno (naturais ou criadas) e cobri-las com terra. É o simples enterramento do lixo. Tecnicamente, esse processo é chamado de aterro controlado ou aterro simples e erroneamente chamado por alguns de aterros sanitários. A técnica do enterramento aterro controlado tem inúmeras vantagens sobre o lixão, mas pode levar à contaminação do lençol freático pelo líquido suor da decomposição do lixo que é o chorume.

Dizemos que pode poluir, pois o aterro controlado (aterro simples) não toma cuidado com o lençol freático, podendo ocorrer que o altamente poluidor chorume ataque o lençol freático.

Para diminuir a produção de chorume, é recomendável desviar da área do aterro as águas pluviais de áreas adjacentes e contíguas, e as dos córregos, olhos-d'água e nascentes. Para coletar o chorume usam-se tubos ou valas drenantes, sendo então esse líquido finalmente disposto.

Disposição do chorume[*]. O chorume pode ser disposto:
- Para a rede de esgoto (se houver tratamento).
- Lagoa de estabilização (para tratamento).
- Infiltração subsuperficial no terreno de modo que o chorume seja filtrado por meio do solo e não polua o lençol freático.

É altamente recomendável cercar a área do aterro com cercas vivas para melhorar o aspecto visual e impedir o acesso de pessoas ao local.

3.9.3. Aterro sanitário

Uma solução mais elaborada e mais desejável quando se quer proteger o lençol freático da ação poluidora do chorume é o aterro sanitário que consiste no enterramento e cobertura (aterro) do lixo, onde o mesmo ao longo dos anos se decompõe, se liquefaz, reduz de volume e estabiliza, terminando por se integrar ao terreno. Esse procedimento deve ser feito de maneira cuidadosa.

Caracteriza-se então o aterro sanitário por:
- Escolha de terreno onde o lençol freático não esteja alto ou a escolha de terrenos não arenosos. O terreno arenoso tem alta permeabilidade permitindo que o chorume polua o lençol freático.
- Manutenção de uma distância mínima de 2 metros entre o fundo da camada de lixo disposta e o início do lençol freático. Essa camada funcionará como uma capa impermeabilizante.

Veja:

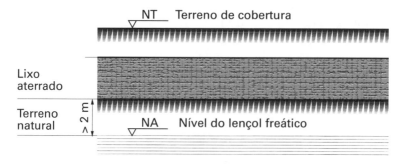

---

* Um litro de chorume é dezenas de vezes mais poluidor que um litro de esgoto.

Saneamento

Recomenda-se eventual impermeabilização da parte inferior do aterro com camada de argila ou até com a aplicação de lençol plástico.

Para se implantar um aterro sanitário temos três métodos de operação (método de cobertura do lixo por aterro).

Esses três métodos são:
- Método de trincheira
  Para terrenos planos.
- Método de Área
  Para terrenos baixos e onde a terra de cobertura vem de áreas laterais.
- Método da Rampa
  Para terrenos baixos e onde a terra de cobertura vem da própria área baixa.

Vejamos ilustrações dos três métodos:

Trincheira

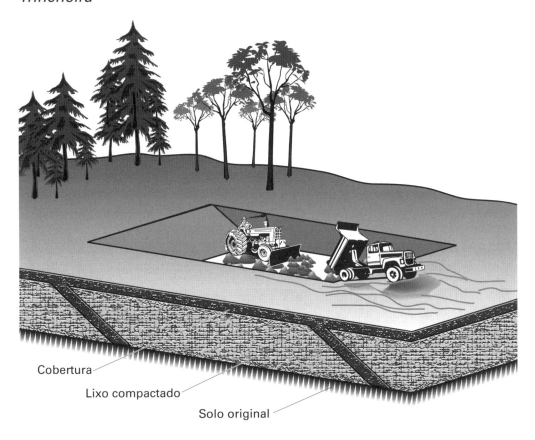

Cobertura
Lixo compactado
Solo original

Usa-se o método da trincheira em terrenos planos. As características da trincheira são valas de largura variando de 10 a 30 metros e profundidade da ordem de 3 metros.

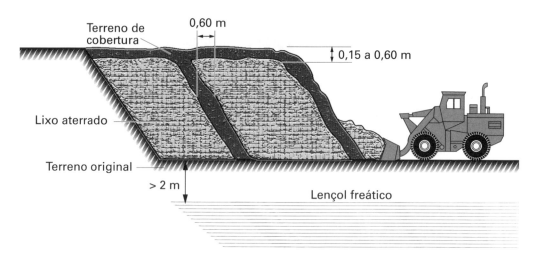

Método da área

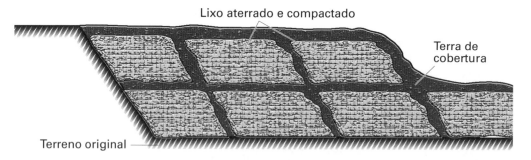

No método da área, o terreno de cobertura do lixo vem do terreno ao lado da área.

Método da rampa

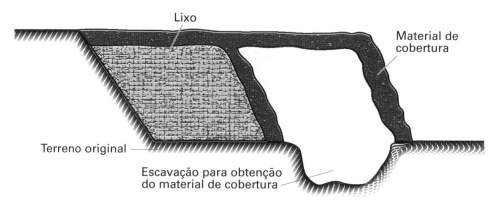

No método da rampa, o material de cobertura é escavado do próprio terreno.

Observações importantíssimas, pelo amor de Deus!

1. O lixo aterrado de qualquer maneira, por qualquer método, produz gases combustíveis, frutos da decomposição da matéria orgânica. Essa produção de gases dura anos. Se feito um furo no terreno de cobertura, pode-se, muitas vezes, liberar gases, acender chama e cozinhar com o calor dessa chama. Se construídas casas em cima desses aterros pode haver risco. Esses gases são combustíveis por terem metano.

2. Mostra a experiência que o trabalho do trator de transportar e colocar o lixo no local, movimentando-se em cima do próprio material em decomposição, diminui o volume do lixo e acelera (positivamente) a decomposição do próprio lixo.

Consultar a norma ABNT NBR 8419 – Apresentação de Projetos de Aterros Sanitários de Resíduos Sólidos Urbanos.

Referências Bibliográficas

Aterros Sanitários, Eng. Agr. Paulo Cesar Cuntin Filho, Superintendente do Serviço Autônomo de Limpeza Urbana de Brasília, DF. 99º Congresso de Engenharia Sanitária, julho 1977, Volume 6, pág. 66.
Limpeza Pública, Vários Autores, Ministério do Interior, Conselho Nacional de Desenvolvimento Urbano, Cetesb.
Artigos do Prof. Walter Engracia de Oliveira, na *Revista DAE* n. 74, 96, 97, 106, 127 e 130.
Aterro Industrial da Cyanamid Química do Brasil Ltda. (Fab. Resenq Pedro Penteado de Castro Neto e outros, *Revista DAE*, n. 132.
Normas Cetesb:
p. 4.240 – Apresentação de Projetos de Aterros Industriais.
p. 4.241 – Apresentação de Projetos de Aterros Sanitários de Resíduos Sólidos Urbanos. <www.cetesb.org.br>

3.10. O incrível carneiro hidráulico – A fabulosa bomba de corrente

Existem técnicas de elevação de água muito difundidas no interior deste nosso País e que nem sempre são destacadas com a ênfase devida nos livros técnicos brasileiros. Uma é o incrível carneiro hidráulico que bombeia água usando a própria energia desta.

A outra é a bomba de corda (podendo, também, ser usada corrente). É essencialmente uma forma cômoda e não cansativa de tirar água de poços domiciliares.

Passemos a estudar cada um deles.

3.10.1. O incrível carneiro hidráulico

O carneiro hidráulico é um equipamento mecânico que eleva a água de um ponto mais baixo para outro mais alto, sem gastar energia externa, pela própria energia da água (energia cinética transformada em energia potencial). O carneiro funciona de forma automática e permanente graças a um dispositivo (martelo), que abrindo e fechando sucessivamente, gera um golpe de aríete e que com isso bombeia parte da água que chega ao carneiro. Para entender melhor como funciona o carneiro, acompanhe a descrição que se segue:

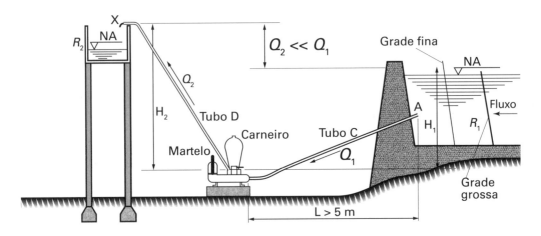

A fórmula que relaciona as quatro variáveis é:

$$Q_2 = Q_1 \cdot \frac{H_1}{H_2} \cdot K$$

Fórmula Morin

O coeficiente K é função da relação H_1/H_2 e é dado na tabela a seguir:

H_1/H_2	K	H_1/H_2	K
1:2	0,84	1:6	0,67
1:3	0,80	1:7	0,62
1:4	0,76	1:8	0,56
1:5	0,72	1:9	0,50
		1:10	0,43

Apresentamos dois exemplos que ilustram tudo.

Exemplo 1

Tenho que alimentar uma caixa de água com entrada do tubo na cota 710 m. Há um pequeno açude, perto da caixa de água, com cota de água em 695 m. Preciso alimentar a caixa de água com 4 L/min (240 L/h). O local mais adequado para instalar o carneiro é 2 metros abaixo do nível de água do açude. Qual a vazão contínua que precisarei tirar do açude para alimentar o carneiro?

Esquema

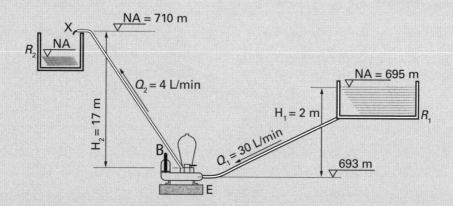

$$Q_2 = Q_1 \cdot \frac{H_1}{H_2} \cdot K$$

$Q_1 = ?$

$Q_2 = 4 \text{ L/min}$

$H_1 = 2$

$H_2 = 17$

$\dfrac{H_1}{H_2} = \dfrac{2}{17} \simeq \dfrac{1}{8}$ ∴ $K = 0,56$

Logo:

$$4 = Q_1 \cdot \frac{1}{8} \cdot 0,56 \qquad Q_1 = \frac{4 \times 8}{0,56} = 57 \text{ L/min}$$

Logo, para entrar no reservatório R_2 uma vazão de 4 L/min, precisarei tirar permanentemente do açude (R_1) uma vazão de 51 L/min.

Exemplo 2

De um açude na cota 435 m, posso instalar junto a ele (6 metros abaixo), um carneiro. Do açude posso tirar uma vazão constante de 30 L/min. Quanto poderei aproveitar dessa água se o meu ponto de chegada de água está na cota 472 m?

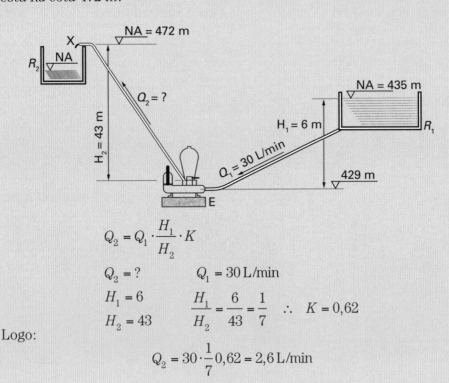

$$Q_2 = Q_1 \cdot \frac{H_1}{H_2} \cdot K$$

$Q_2 = ?$ $\quad Q_1 = 30\,\text{L/min}$

$H_1 = 6$

$H_2 = 43$ $\quad \frac{H_1}{H_2} = \frac{6}{43} = \frac{1}{7}$ $\quad \therefore \quad K = 0,62$

Logo:

$$Q_2 = 30 \cdot \frac{1}{7} \cdot 0,62 = 2,6\,\text{L/min}$$

Entendidos os cálculos, como se seleciona o tamanho do carneiro? O catálogo do equipamento Marumby* dá os critérios:

Carneiro (tamanho)	Vazão de alimentação (Q_1) (L/min)	Diâmetros Tubo alimentação (C)	Diâmetros Tubo recalque (D)
n. 2	7 a 11	3/4"	3/8"
n. 3	7 a 15	1"	1/2"
n. 4	11 a 26	1 1/4"	1/2"
n. 5	22 a 45	2"	3/4"
n. 6	70 a 120	3"	1 1/4"

* A tradicional Fundição Marumby em Curitiba, PR, foi substituída pela Fábrica Crisval, também em Curitiba, PR.

> Notar que o diâmetro do tubo de alimentação ao carneiro (C) é maior que o diâmetro do tubo de recalque, o que é lógico pois, sempre
>
> $$Q_1 > Q_2$$

Recomendações

a. O desnível H_1 deve ser sempre superior a 1 metro.

b. O comprimento L (distância do carneiro ao açude) deve ser maior que os seguintes critérios:

$$L > 5 \text{ m}$$

$$L = \frac{XB}{100} + H_2 + 0.3\frac{H_2}{H_1}$$

c. Instalar duas válvulas de retenção, uma no tubo C, a 50 cm do carneiro, e a outra no tubo D, na metade de sua altura.

3.10.2. Bomba de corda ou corrente

A tensão superficial propicia um uso muito interessante e prático capaz de recalcar água de poço sem a necessidade de bombas tradicionais e seus motores, que exigem energia elétrica.

Um sistema cômodo e prático (operável sem esforço, com segurança e até por crianças) é a bomba de corda (ou corrente). Consta de uma corda (ou corrente) que circula acionada por uma polia de giro manual. Essa corda contém pequenos discos (anéis de borracha) de diâmetro um pouco menor que 20 mm, espaçados de 1 metro e que sobem no centro de um tubo de 20 mm de diâmetro interno. Pela tensão superficial, a água sobe junto com a corda ajudada pelos anéis.

A vazão retirada depende da rotação da polia, podendo-se esperar algo como:

- 5 L/minuto (300 L/hora) para uma rotação de 30 rpm
- 15 L/minuto (900 L/hora) para uma rotação de 90 rpm

Lembremos que 15 L/minuto é a vazão de uma torneira totalmente aberta.

Atenção

- rpm é rotação por minuto.

Não há limitações de altura de bombeamento. Deve haver uma submergência de pelo menos 50 cm do trecho inferior da corrente dentro da água. A ilustração a seguir mostra tudo.

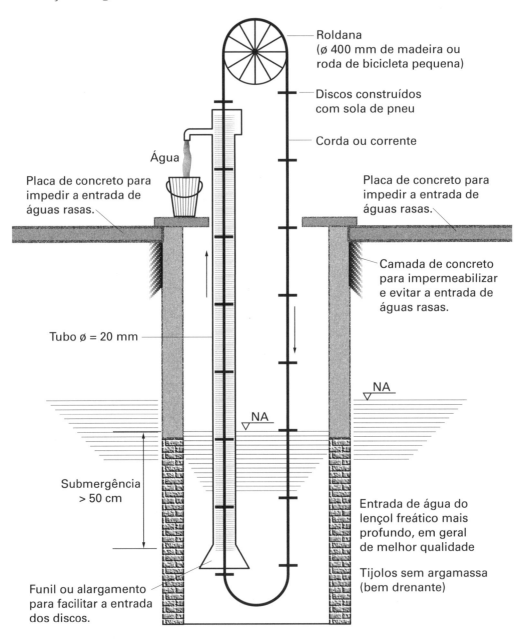

Nota

- Águas rasas são as mais suspeitas de terem sido poluídas. Evite a sua entrada. Prefira as águas mais profundas.

Referências Bibliográficas

Swami M. Villela. Bombas de Corrente, Capítulo VII do Manual de Aparelhos de Bombeamento de Águas, E.E.S. Carlos, 1969.
Small Community Water Supplies, Huisman, Azevedo e outros, Haia Holanda, p. 175, 1981.

3.11. Entendendo o uso de conjuntos motor--bomba para abastecimento de água

Ver norma ABNT NBR 6400.

O esquema básico a seguir é o mais comum na maior parte dos bombeamentos de água para cidades e edifícios:

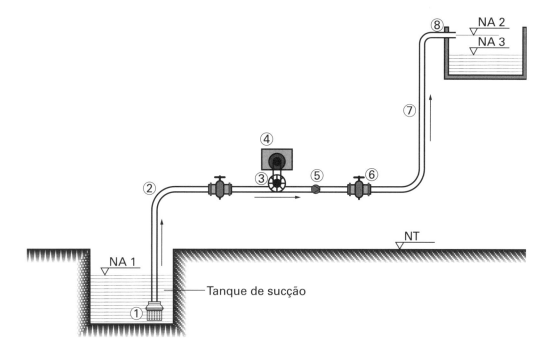

Entendamos:
NA-1 nível de água no poço de sucção. Desse nível de água a bomba succionará, face a sua rotação e enviará, via recalque, a água para o ponto 8 mais elevado e situado na conta NA-2
NA-2 cota de descarga da bomba. A água recalcada encontrará a pressão atmosférica nessa cota.
NA-3 cota do destino final de água. Não se relaciona diretamente com o bombeamento.
1. Válvula de pé – impede que, ao desligar a bomba, haja refluxo com o esvaziamento do sistema.

2. Tubulação de sucção.

3. Bomba centrífuga (a mais comum) – equipamento mecânico hidráulico que ao girar (movimento do motor a ela acoplado) faz a sucção de água e a recalca.

4. Motor elétrico – ao girar, face ao acoplamento eixo com eixo com a bomba, esta também gira. A rotação do motor é sempre constante e só depende do número de polos. O motor, haja o que houver, girará com a rotação causada pelo número de polos e transferirá energia para o líquido dentro da bomba.

5. Válvula de retenção – válvula que impede (como a válvula de pé) que a água, ao parar o bombeamento, retorne. Se a água do trecho de recalque voltasse:
   - A bomba e o motor girariam no sentido contrário, algo indesejável.
   - A água no trecho em recalque voltaria para o tanque de sucção e a bomba perderia a escorva (ficaria seca).

6. Válvula-gaveta. Funções:
   - Isola para manutenção a bomba no trecho de recalque.
   - Na partida da bomba, a válvula de gaveta deve estar fechada para o início do bombeamento, diminuindo com isso, a corrente de partida do motor.

   Normalmente, a válvula de gaveta é do tipo de fechamento lento e, com isso, quando vamos desligar a bomba, o fechamento da tubulação é bem lento, minimizando o golpe de aríete.

7. Tubulação de recalque – costuma ser de um diâmetro menor que a tubulação de sucção (no caso de uma só bomba). A velocidade da água na tubulação de recalque costuma variar de 0,3 a 0,8 m/s.

8. Saída da água no recalque.

3.11.1. Partida da bomba no seu primeiro dia de operação

Tudo está pronto e vamos partir o conjunto motor-bomba, mas o trecho de sucção, o trecho de recalque e a bomba estão vazios de água e cheios de ar.
Problema... Problema...
A bomba-centrífuga quando ligada (que na verdade será ligar o motor) gira, mas não succiona nada e o sistema não consegue succionar água do tanque de sucção. Essa situação de bomba centrífuga vazia chama-se "bomba não escorvada". Precisamos escorvar a bomba o que significa que precisamos encher a bomba de água expulsando o ar. Devemos, portanto, encher com água o trecho de sucção e a carcaça da bomba. Para as bombas de pequeno porte, por vezes alimenta-se com água direta e manualmente num copinho existente na parte

alta da bomba. Com essa adição de água, a parte de sucção da bomba fica cheia com água. A bomba está, então, escorvada (a água não sai, graças a válvula de pé). Com a bomba escorvada podemos ligar o motor acionando-a (girando-a). Com o seu funcionamento, a água começa a ser succionada e, depois de passar pela bomba, é forçada a ir pela tubulação de recalque.

Se tivermos usado uma bomba de vácuo para encher a tubulação de sucção da bomba, após a partida, essa bomba de vácuo poderá ser desligada. Esta tem, portanto, só função na partida.

Acabando, eventualmente, a energia elétrica para o bombeamento, o trecho de sucção e a bomba ficam com água face à válvula de pé que pode ser considerada uma válvula de retenção.

Só voltaremos a usar as bombas de vácuo no caso de pane no sistema e perda de água na tubulação de sucção e no trecho de recalque.

Nota
- Para instalações prediais, de casas, prédios etc. é comum não colocar a válvula de retenção sendo que sua missão é feita pela válvula de pé.

3.11.1.1. Parada programada do bombeamento

Nas pequenas estações elevatórias para parar o bombeamento, simplesmente desliga-se o acionamento elétrico; o motor começa a parar, a bomba começa a deixar de bombear e não existem outros problemas pois:
- O golpe de aríete é pequeno e suportável.
- A válvula de pé garante o não retorno de água e com isso a bomba fica escorvada.

Em instalações maiores até as grandes estações:
- Fechamento lento da válvula-gaveta para minimizar o golpe de aríete (golpe do retorno da coluna de água que estava subindo). Na prática sempre acontece pois exige, de propósito, muitas voltas e com isso o fechamento fica gradual.
- Desliga-se o acionamento elétrico do motor e com isso a rotação da bomba vai caindo até parar.

Com o desligamento do bombeamento, toda a coluna de água do recalque continua graças à válvula de retenção e à válvula-gaveta. Dessa forma, todo o sistema continua escorvado.

Para retornar o bombeamento, basta alimentar eletricamente o motor. Este e a bomba começam a girar, mas a válvula-gaveta está fechada. Estamos na situação de giro da bomba, sem recalque, ou seja, a água na bomba não consegue sair. Isso é ótimo pois diminuem as correntes elétricas de partida do motor que são maiores que as correntes elétricas de uso normal. Vamos então abrindo lentamente a válvula-gaveta e a água começa a escoar estabilizando o regime quando a válvula-gaveta estiver totalmente aberta.

3.11.1.2. Parada não prevista do bombeamento

As vezes por falta de energia elétrica o motor deixa de ser alimentado e a bomba começa a perder velocidade. Deixa de haver recalque e com isso a coluna de água que estava subindo começa a voltar ocasionando situações transitórias com esforços nas tubulações e blocos de ancoragem. É o golpe de aríete. A válvula de retenção impede o retorno de água em recalque. Se tudo foi bem planejado os esforços do golpe de aríete são absorvidos pelo conjunto motor-bomba e sistema de recalque.

3.11.1.3. Caso de bomba afogada

Embora não muito comum, pode acontecer o caso de bomba afogada como se mostra no exemplo a seguir:

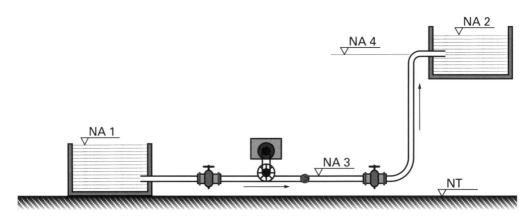

O bombeamento eleva a água do nível A1 para o nível A2, independente do nível A 4.

Nesse caso, não há necessidade de válvula de pé. A bomba estando abaixo do nível A1 estará sempre escorvada (cheia de água e sem ar). O desnível geométrico a vencer é NA2 – NA1.

3.11.1.4. Como selecionar uma bomba

- Defina a cota geométrica (altitude) em que a bomba funcionará (em alguns casos mais sofisticados, este é um dado importante).
- Defina a altura de recalque a vencer.
- Defina a vazão desejada a escoar (use a unidade m^3/h).

Manual de Primeiros Socorros do Engenheiro e do Arquiteto

Saneamento

- A altura de recalque é a soma da altura geométrica mais a perda de carga ao longo da tubulação de recalque. O cálculo da perda de carga é feito usando tabelas e gráficos existentes em livros de Hidráulica (por exemplo o Manual de Hidráulica do Prof. Azevedo Netto – Blucher).
- Consultar um catálogo de fabricante de bombas e selecionar a bomba.
- Numa mesma carcaça de bomba podem ser usados vários rotores com vários diâmetros.
- As rotações das bombas são iguais às rotações dos motores. Há motores com rotações de 875, 1175, 1750 e 3500 rpm (rotações por minuto).

Veja este caso de seleção de bombas

Verificando o catálogo desse fornecedor e cujas origens são laboratórios de Hidráulica e leis de semelhanças hidráulicas, temos:

Para a vazão de 12 m³/h e altura total de 70 m usaremos a bomba BK-3 (código do fabricante) sendo que:

- No caso dessa bomba a rotação do motor (e da bomba) é de 975 rpm.
- A eficiência da bomba é de 85%.
- O rotor da bomba pode ser de 400 mm ou 300 mm.
- A potência do motor será de ...... kW (... hp).

Nota

- Para antever a potência do motor elétrico necessário para o recalque, usa-se a fórmula prática:

$$p(hp) = \frac{Q(L/s) \cdot H_{man}}{50}$$

Exemplo: qual a estimativa da potência de um motor elétrico para bombear 34 L/s contra uma altura manométrica (altura geométrica + altura de perdas de carga de atrito hidráulico) de 47 m?

$$p(hp) = \frac{Q(L/s) \cdot H_{man}}{50} = \frac{34 \times 47}{50} \cong 30\,hp$$

Lembrar

$$1\ L/s = 1 \times 60 \times 60 = 3.600\ L/h = 3,6\ m^3/h$$
$$1\ hp = 0,746\ kW$$

Para facilitar a compreensão preencha a folha de dados a seguir. Ela disciplina a indicação dos dados.

FOLHA DE DADOS DA BOMBA				
Cliente:				Data: / /
Empreendimento:				
Código e número das bombas:				Quantidade:
Altitude do local:				
Vazão (L/s):			Altura manométrica total (m):	
Rotação (rpm):			Água limpa	
Potência requerida da bomba (cv):		Uso da bomba:	Água com sólidos	
Tipo de rotor:			Esgoto	
$NPSH_d$ (m):				
Sugestões para o motor elétrico				
Tipo de rotor:				
Tensão elétrica do motor:				V
Potência do motor:				cv
Rotação do motor:				rpm
Número do motor:				
Tipo do motor:				
NOTA: As sugestões do motor elétrico devem ser feitas pelo fabricante da bomba.				

Para comprar um motor, use uma folha de dados. É necessário informar:

FOLHA DE DADOS DO MOTOR	Data / /
Motor, número, código:	
Número de unidades:	
Frequência da rede (Hz):	
Tensão (V):	
Velocidade (rpm):	
Potência (cv):	
Características do motor:	
Regime de funcionamento:	
Solicite agora as dimensões ao fabricante	
Dimensões (largura, comprimento, altura):	
Peso (kg):	
Corrente nominal (A):	
Informações complementares:	

3.12. Crônica sobre o Prof. Azevedo Netto

Anteprojeto preliminar sumário de uma ETA executado em quarenta e cinco minutos. Crônica sobre o Prof. José Martiniano de Azevedo Netto, o autor do "Manual de Hidráulica".

Carta do Eng. P. M., autor desta crônica

Estávamos nos anos setenta do século passado. Estava eu visitando uma empresa em que o Professor Azevedo Netto dava consultoria sobre estações de tratamento de água (ETA) e chegara a hora do almoço. Já estávamos de saída no hall dos elevadores quando apareceu um engenheiro de uns quarenta anos e que falou:

Prof. Azevedo, comecei minha vida profissional como desenhista e depois projetista e fiz muitos desenhos sob sua orientação de várias ETA's. Consegui fazer a noite meu curso de engenharia e esperava ansioso a disciplina de Saneamento para eu poder finalmente aprender como projetar e dimensionar uma ETA. Eis que o professor passou rápido sobre esse assunto e eu o inquiri querendo saber como dimensionar uma ETA mas ele respondeu que isso só é ensinado em cursos de pós graduação e especialização, cursos esses que estão hoje, fora das minhas possibilidades. Eis minha frustração: desenhei muitas ETA's, sou engenheiro, até já construí uma ETA e não sei projetar uma ETA. Como eu posso aprender isso?

O Professor respondeu:

– Você deve ter duas horas de almoço. Muito bem. Volte daqui a uma hora e quinze e teremos uns quarenta e cinco minutos livres. Traga obrigatoriamente muitas folhas de papel em branco A4, lapiseira Koh Inoor[*] amarela e borracha branca, mole, bem mole. Com esse material eu te ensinarei algo. Não falemos de projeto de ETA pois podemos ser criticados. Falemos em algo como anteprojeto preliminar sumário que tem a vantagem de ninguém poder criticar porque ninguém sabe o que exatamente é.
– Até a volta daqui a uns minutos.

Eu, o narrador desta história, planejava ir embora mas depois dessa preparação fiquei no escritório para ver o que ia acontecer. Que surpresa nos revelaria o mestre do saneamento? O que viria a ser um anteprojeto preliminar sumário de uma ETA? Seja o que fosse, daria para ser desenvolvido em quarenta e cinco minutos?

---

[*] Hoje seria a maravilhosa Pentel amarela 0,9 mm, mina B ou HB.

Daí a cerca de uma hora e pouco todos presentes o espetáculo começou. Passo a palavra ao mestre, sentado numa prancheta, segurando a lapiseira, que avisou que não emprestaria a ninguém, nem ao dono, com as folhas A4 em branco e a borracha mole.

Ouçamo-lo:

– Caro engenheiro: desconfie dos que falam tudo em teoria e não dão exemplos numéricos. O exemplo numérico é a luz do ensino da engenharia. Façamos uma analogia. O que seria do ensino da Gramática sem exemplos? Muito bem: seja uma cidade de nome fictício Morro Azul com 32.000 habitantes e que queira ter uma ETA e hoje nada tem de abastecimento de água. Digamos que essa cidade vai crescer nos próximos vinte anos de 30%. Logo projetaremos uma ETA para 32.000 · 1,30 = 42.000 hab.

Um coeficiente *per capita* razoável para um dia quente é de 200 L por habitante por dia e então nossa ETA terá que ter para atender a essa população algo como:

$$42.000 \cdot 200/24 \text{ h} = 350 \text{ m}^3/\text{h} = 97 \text{ L/s}$$

Conforme o professor ia falando e escrevendo no papel A4 branco com a lapiseira que não emprestava a ninguém o aluno ia pegando as folhas que se sucediam como alguém que pega e guarda um instrumento sagrado. Prestei atenção no que estava escrito e notei que o professor repetia didaticamente e *ad nauseam* as fórmulas.

Ver o anexo que se segue que são as memórias da cálculo desse anteprojeto preliminar sumário.

Passaram os quarenta e cinco minutos, o anteprojeto preliminar sumário ia terminando. Com os números que resultaram o professor fez então um croquis da planta da ETA. Simples e direto. A casa de química, os tanques de mistura rápida e mistura lenta, os dois decantadores, os três filtros, o reservatório de água tratada e a galeria de comando dos filtros. O mistério do dimensionamento a nível de anteprojeto preliminar sumário ia terminando.

Aí o professor quase que concluiu:

– claro que na fase de projeto as coisas deverão evoluir, mas não muito....

Então o engenheiro, que assistia maravilhado a tudo e entendendo tudo, fez uma pergunta:

– por que os meus professores não davam aulas tão simples e práticas como ele tinha acabado de assistir e principalmente entender tudo com os pés no chão.

O mestre sorriu e politicamente desconversou. Quando ia se preparar para sair da sala o engenheiro aprendiz falou:

– ouso fazer uma outra e última pergunta, prezado mestre dos mestres. Li num seu livro que a análise da água a tratar é algo decisivo. Mas o senhor dimensionou, se bem que em nível de anteprojeto preliminar sumário, toda a ETA e nem falou da qualidade da água. E se ela for muito barrenta?

O mestre sorriu senhorialmente, mais uma vez e já saindo respondeu:

– o estudo da qualidade da água é muito importante, mas regra geral, se um rio não for poluído e se seu teor de turbidez, o que você chama de teor barrento, não for extraordinariamente alto, a ETA aqui predimensionada vai funcionar bem se tiver boa assistência na operação. Todavia, se você me dissesse que inversamente a água era pouco barrenta (pouca turbidez) e alta cor, aí a coisa poderia pegar.
Vá se esforçar por fazer o curso de especialização que aí eu te ensino como fazer nesse caso mais complicado.

O professor saiu e o engenheiro foi tirar uma cópia de segurança para nunca perder os ensinamentos que foram mostrados de maneira tão simples e direta.
Assim era o mestre.
Explicou de maneira simples um anteprojeto preliminar sumário de uma ETA em quarenta e cinco minutos.

Memória de cálculo do anteprojeto preliminar sumário de uma ETA
Setembro 1986

Autoria de JMAN

Dimensionamento de um anteprojeto preliminar sumário de uma ETA (Estação de Tratamento de Água)
P (população atual) = 32.000 hab.
População de projeto = 32.000 × 1,3 = 42.000
q (quota per capita de consumo de água) = 200 L/hab/dia

Vazão de abastecimento da cidade
Q = 42.000 × 200 L/hab/dia = 97 L/s ou
Q = 350 m^3/h ou
Q = 97 L/s ou
Q = 5,8 m^3/min

Dados de dimensionamento da ETA
Tanque de mistura rápida tempo de detenção 2 min = 120 s
Volume do tanque de mistura rápida
V = tempo × vazão = 5,8 × 2 = 12 m^3

Decantador (são dois decantadores, número mínimo)
Tempo de detenção da água em cada decantador = 3 h
Volume de cada decantador (são dois decantadores)
$Q \times t/2 = 350 \text{ m}^3/\text{h} \times 3/2 = 550 \text{ m}^3$
Taxa de aplicação superficial do decantador
$40 \text{ m}^3/\text{m}^2 \times \text{dia}$
$A = Q/S$
Área de cada decantador
$350/2 \times 24/40 = 105 \text{ m}^2$
Formato em planta de cada decantador retangular
$S = a \times b$ (comprimento $\times$ largura)
manter a relação experimental $a = 4b$
$105 = a \times b = b \times 4b = 4\, b2$
$b = 5,1$ m e $a = 4 \times b = 20,4$ m

Filtros rápidos de gravidade
Admitiremos 3 filtros rápidos de gravidade
Taxa de aplicação de cada filtro
$150 \text{ m}^3/\text{m}^2 \times \text{dia}$
Volume diário de água a tratar
$350 \text{ m}^3/\text{h} \times 24 \text{ h} = 8.400 \text{ m}^3/\text{dia}$
Área total dos 3 filtros
$8.400/150 = 56 \text{ m}^2$
Como são três filtros a área de cada filtro é de 56/3 e por segurança adotemos 60 m² de área de filtragem dando por filtro 60 m²/3 = 20 m².
Assim adotemos cada filtro com 4,5 m $\times$ 4,5 m = 20,25 m².

Dosador de cal e sulfato – usar dois dosadores iguais de cal e dois dosadores iguais de sulfato de alumínio. A capacidade de cada dosador depende da qualidade da água bruta.

Dosador de cloro (clorador) – Ter dois dosadores, um em uso e outro de reserva. Regra inicial de dimensionamento: dosar 3 mg/litro de água tratada.

Ou seja, 3 g/m³. A vazão de água a tratar é de 350 m³/h e portanto cada dosador deve ser capaz de dosar 350 m³ $\times$ 3 g = 1.050 g/h ou aproximadamente 1 kg/h.

Em termos de dimensionamento está tudo dimensionado em termos preliminares mas o dimensionamento definitivo não variará muito.

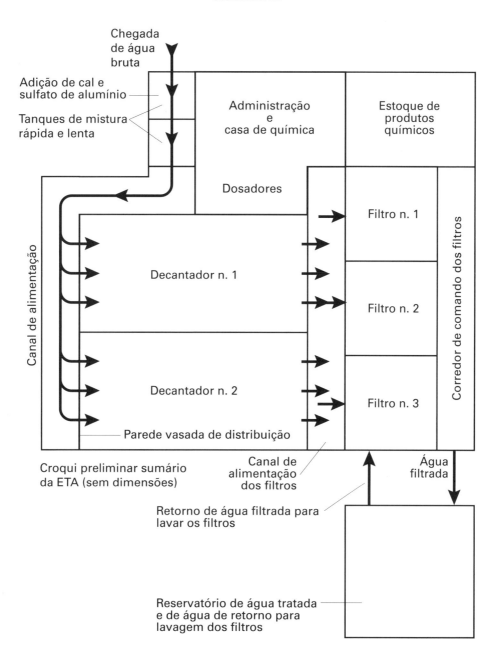

Croqui preliminar sumário da ETA (sem dimensões)

Nota

- Embora não indicado, prever sanitários, um deles com chuveiro. Já aconteceu de se projetar e construir uma pequena ETA sem sanitários. A urina dos operadores era disposta no terreno em volta da ETA, com fortes odores.

3.13. A história da sopa de pedra

Como o Prof. Eng. José ensinou a controlar a qualidade da água de uma pequena cidade com poucos recursos técnicos

Este autor foi contratado para fazer um levantamento da situação da qualidade da água dos pequenos serviços de água de um estado do sul do País.

Vistoriei dezenas de pequenos serviços de água e, na inspeção de alguns sistemas, fui acompanhado como consultor do trabalho pelo Professor José, conhecido professor de saneamento.

Chegamos à cidade de Cruz Verde (nome fictício) e fomos para a sede do seu serviço municipal. Do diálogo com o jovem responsável pelo sistema de água ficamos sabendo que o sistema de abastecimento de água de Cruz Verde era composto por uma pequena barragem em um pequeno rio, com uma água um tanto límpido quando não chovia, distante aproximadamente três quilômetros da cidade; duas bombas de recalque; uma adutora; um simples e mal mantido sistema de cloração com hipoclorito; um reservatório enterrado no ponto mais alto da cidade e uma rede de distribuição.

A cidade tinha aproximadamente 15.000 habitantes e era servida pela rede de água. O responsável pelo serviço de água era um jovem químico e trabalhava nesse cargo havia quatro meses. Sua grande reclamação era a absoluta falta de equipamentos para controlar a qualidade da água distribuída. A rigor só tinha um pequeno laboratório composto de pia, armários e um kit de controle de água de piscina (!!!) com medidor de pH, um medidor de cloretos e medidor de residual de cloro.

O desânimo e o desinteresse desse funcionário era total e o segundo era visivelmente maior que o primeiro. Esse jovem profissional dava de ombros a cada pergunta do tipo: você já visitou toda a bacia contribuinte da captação no rio? Há criação de porcos a montante da captação? Você já conversou com o médico do posto de saúde para saber da ocorrência de diarreias? A cada pergunta respondia sempre: o que eu posso fazer no controle da qualidade da água com um kit de piscina?

Este autor estava concordando integralmente com esse jovem químico quando o mestre José, que até então estava calado como um predador que espera a hora certa de se lançar na caça, começou a falar e a dizer coisas que eu jamais acreditaria. Ouçamos o mestre:

"Poucas vezes vi na minha vida um sistema de tratamento de água com tão equilibrado e justo conjunto de equipamentos de controle de tratamento. A cidade tem tudo e não precisa de mais nada..."

O funcionário estava atônito e eu também e o mestre continuou:

"Proponho que você, jovem químico, tome uma série de providências:

Saneamento

1. Visite mensalmente toda a bacia contribuinte da captação no rio; tire fotos da ocupação da bacia como usos agrícolas, uso de agrotóxicos, existência de criação de porcos, aves e gado; ponha data e guarde esse relatório. A cada ano repita o relatório e veja como evoluem os usos na bacia contribuinte.
2. Verifiquei que na cidade existe um laboratório de exames clínicos (exames médicos). Faça um convênio com esse laboratório e mande fazer testes de cloretos e de matéria orgânica. Não importa o método de análise. Importa que o método seja sempre o mesmo para efeito de comparação. Para o nível de preocupações que temos, qualquer método ajuda. Elevação de cloretos, na água pode significar contaminação por esgoto sanitário.
3. Acompanhe com o seu kit de medida de cloreto e teor de cloro e teste amostras da água a tratar. Anote tudo sistematicamente, mas com o objetivo crítico e não apenas para gravar.
4. Faça um convênio com um laboratório especializado de saneamento de uma cidade grande e faça a tomada de amostras para exames a cada três meses.
5. Acompanhe criticamente os resultados e os correlacione às informações da sua inspeção à bacia contribuinte. Função de tudo isso, avise ao prefeito da instalação de mais gente na bacia contribuinte, aumento da área plantada com o uso de adubo orgânico e chiqueiros e exija o fim do aumento do uso da área. Com todas as informações, além de ir ao prefeito, vá ao jornal da cidade e ao centro de saúde e avise a todos.

Viu como o seu pequeno kit de análise de água ajudou inicialmente a se melhorar a qualidade da água? O que adianta ter um laboratório completo se não são tomadas atitudes de melhoria real da água bruta?"

Compreendi, então, que o astuto professor usara a existência do pequeno kit de análise de água como um instrumento de incentivo ao jovem químico para usar outros recursos, sempre com o objetivo de melhorar a qualidade da água fornecida à cidade, o grande objetivo do saneamento.

Mas o que tem essa história com a fábula da sopa de pedra?

Para quem conhece a história da sopa de pedra entenderá tudo. Para quem não conhece, a história é: uma vagante pessoa faminta propôs a um camponês pão-duro que fizesse e desse a ele parte de uma sopa de pedra, pedra essa que abundava na região. O camponês entusiasmado de fazer sopa com um material gratuito, pois pedra muito existia, topou na hora. O faminto pediu e foi atendido em colocar uma pedra com água numa panela para ferver. Pouco depois, a água começou a ferver. O faminto alertou que a sopa ficaria melhor com sal e azeite que foram imediatamente adicionados sem nenhuma discussão; e que ficaria melhor ainda com macarrão, legumes e um pedaço de carne que também foram adicionados. Após alguns minutos de cozimento, a sopa cheirava que era uma delícia, ficou muito saborosa e foi tomada pelos dois, o camponês pão-duro e a pessoa faminta. Só depois de estarem ambos saciados, é que o camponês percebeu que o uso da pedra foi uma forma de usar o que já tinha e era pouco valorizada.

O químico da pequena cidade com o kit (pobre kit) e tudo mais, poderia, usando esses outros recursos, controlar a qualidade da água da cidade. E esse era o objetivo. Como na sopa de pedra usar a pedra ou o kit como instrumento de melhoria da situação.

Mais uma do famoso professor José...

Capítulo 4

URBANISMO

4.1. Numeração de casas ao longo das ruas.
4.2. Exigências para loteamentos.
4.3. Quadras esportivas – Futebol e poliesportivas.
4.4. Cemitérios.
4.5. Controle de erosão – Voçorocas.

4.1. Numeração de casas ao longo das ruas

Há uma tendência progressiva de abandono da prática de numerar as casas uma sequencialmente à outra (casa 1, casa 2, casa 14 etc.). A tendência atual é a numeração por distância de cada casa ao início da rua.

Como se faz isso?

Cada cidade deve ter uma referência do seu centro (por exemplo, Praça Matriz) onde dever-se-ia sempre ter um marco de referência topográfico (Referência Oficial de Nível) devidamente protegido. É convencionalmente o centro da cidade. Na cidade de São Paulo é a Praça da Sé.

As casas das ruas serão numeradas a partir da extremidade da rua, que seja o ponto mais próximo do centro da cidade. As casas serão numeradas pela distância, medida pelo eixo da rua, desde o seu início. O ponto de medida na casa será:
- soleira da entrada principal da edificação (no caso de lote edificado)
- centro do terreno em caso de lote vazio

O desenho a seguir ilustra o exposto.

Reservam-se números pares para as casas (e os lotes) situados à direita no sentido de penetração na rua e ímpares à esquerda da penetração.

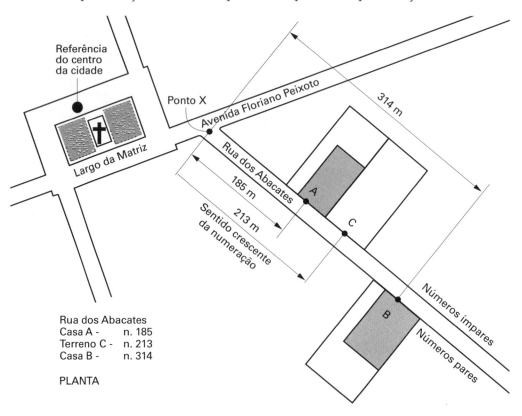

Rua dos Abacates
Casa A -   n. 185
Terreno C - n. 213
Casa B -   n. 314

PLANTA

Urbanismo

O ponto X é no meio do leito carroçável e é o extremo da rua mais próxima do Centro Referencial.

Em caso de distritos, distantes da malha urbana da sede do município, uma ideia é ter numeração própria, segundo os mesmos critérios, pois destino de distrito é virar município, mais cedo ou mais tarde.

Aliás para quem não sabe as diferenças de município, distrito e outras divisões municipais, valem as definições:

- *Município*
  É a unidade de divisão do Estado com autonomia política, financeira e administrativa. Tem Câmara de Vereadores eleita pelo povo. Seu prefeito também é eleito.
- *Comarca*
  Município de maior porte que tem Juízo de Direito de 1ª Instância. A comarca pode abranger vários municípios.
- *Distrito*
  É uma divisão apenas administrativa do município. Não tem autonomia. Tem as vezes Cartório de Registro Civil.
- *Sede do município*
  É o distrito principal e onde fica a administração municipal.

Nota

- Distrito que se preze sonha em virar município. É como o embrião. Embrião que se preze quer virar ser vivo independente.

4.2. Exigências para loteamentos

Um loteamento é um empreendimento particular de parcelamento (divisão) e uso do solo que, após implantado, se integra à cidade, principalmente no que diz respeito ao seu sistema viário e a sua infraestrutura.

Para isso é necessário que os critérios de arruamento do loteamento se harmonizem com as posturas legais. O texto a seguir, muito minucioso e didático, dá critérios do antigo Estado da Guanabara para a implantação de loteamentos.

Note-se que é tão nefasta a criação de loteamentos que não atendam as posturas municipais (loteamentos clandestinos) que existe a Lei Federal (Lei Lehmann) n. 6.766 de 19/12/79, que classificou implantação de loteamentos clandestinos como ilícito penal.

Atualmente, implantar loteamentos clandestinos pode resultar em prisão.

Passemos ao Regulamento aprovado pelo Decreto 322 de 03/03/1976. Embora as prescrições sejam do Estado da Guanabara, podem ser adaptadas, caso a caso, conforme as características de cada município.

REGULAMENTO DE PARCELAMENTO DA TERRA

CAPÍTULO I – Abertura de Logradouros, Loteamento e Desmembramento

SEÇÃO I – Abertura de Logradouros
Subseção I – Condições Técnicas do Projeto

ARTIGO 1º – Fica obrigatoriamente subordinada aos interesses do Estado da Guanabara a abertura de logradouro, em qualquer parte de seu território, feita por iniciativa privada, através de projeto de arruamento, sejam quais forem as zonas de sua localização, tipo e dimensões.
Parágrafo único: Os projetos de abertura de logradouro e seus detalhes poderão ser aceitos ou recusados, tendo em vista as diretrizes estabelecidas pelos diferentes aspectos do plano diretor e os planos parciais elaborados pela Secretaria de Obras Públicas, podendo ser impostas, pelo órgão estadual competente, exigências no sentido de corrigir as deficiências dos arruamentos projetados.

ARTIGO 2º – Os projetos de abertura de logradouros de iniciativa particular deverão ser organizados de maneira a não atingirem nem comprometerem propriedades de terceiros, de particulares ou de entidades governamentais, não podendo dos mesmos projetos resultar qualquer ônus para o Estado; além disso, e das demais disposições deste regulamento, serão observadas as determinações dos diversos artigos da presente seção.

ARTIGO 3º – Os logradouros deverão obedecer às seguintes dimensões mínimas, no que se refere à largura e caixa de rolamento:
 a. 9 m de largura e 5 m de caixa de rolamento, quando para os mesmo, tenham testada lotes residenciais de terceira e quarta categoria exclusivamente, e não tiverem trechos de mais de 200 m de extensão, sem encontrar um logradouro de 12 m de largura mínima;
 b. 12 m de largura e 6 m de caixa de rolamento nos demais casos e nos logradouros de acesso ao logradouro público.
 § Primeiro
  Nos loteamentos com até cinquenta lotes residenciais de quarta categoria será permitido logradouro de acesso com 8 m de largura e 5 m de caixa de rolamento.
 § Segundo
  Serão permitidas travessas de 6 m de largura e 3 m de caixa de rolamento, numa extensão máxima de 50 m, não podendo haver nenhum lote com acesso ou testada exclusiva para tais travessas.
 § Terceiro
  Poderão ser exigidas dimensões superiores às especificadas acima, a cri-

Urbanismo

tério do órgão estadual competente, sempre que necessárias ao sistema viário.

§ Quarto

As calçadas terão os passeios da mesma largura, não podendo ser inferiores a 1,5 m.

§ Quinto

As quadras não deverão ter extensão superior a 200 m, a não ser em casos especiais, como composição obrigada com logradouros públicos existentes, seus prolongamentos e em terrenos de declividade acentuada, a critério do órgão estadual competente.

ARTIGO 4º – Os logradouros que por sua característica residencial ou por condições topográficas exigirem a sua terminação sem conexão direta para veículos, com outro logradouro, poderão adotar qualquer dos seguintes tipos de terminação.

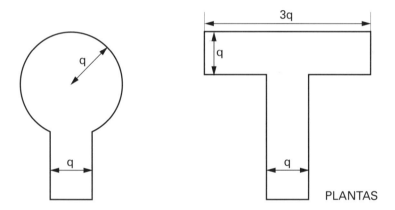

PLANTAS

§ Primeiro

Os passeios das calçadas em todos os casos contornarão todo o perímetro do viradouro, com largura não inferior aos passeios das calçadas do logradouro de acesso.

§ Segundo

Nos casos de emprego das soluções previstas neste artigo, será obrigatória a conexão do retorno de veículos com outro logradouro, se houver possibilidade, por meio de uma passagem de pedestres plana ou em degraus com as seguintes larguras, em relação ao comprimento:

Largura   Comprimento até 60 m;
3 m................de 60 m
4 m................de 60 m até 120 m;
6 m................de mais de 120 m, até o limite máximo de 200 m.

§ Terceiro

Quando a conexão para passagem de pedestres entre dois logradouros entrar em contato com um espaço aberto destinado a parque ou jardim, não serão computados, no seu comprimento, os trechos em que aquele fizer parte deste.

ARTIGO 5º – A concordância dos alinhamentos de dois logradouros projetados, entre si, e dos alinhamentos destes com os logradouros existentes, será feita por curva de raio mínimo de 5 m no primeiro caso e de 6 m no segundo caso.

ARTIGO 6º – A rampa máxima dos logradouros será de 6%, admitindo-se, entretanto, excepcionalmente, para pequenos trechos de extensão nunca superior a 100 m, rampas até 8%.
§ Primeiro
Os logradouros situados em regiões acidentadas poderão ter rampas, até 15%, em trechos não superiores a 100 m.
§ Segundo
Para os logradouros ou trechos de logradouros em que se tenham de vencer diferenças de nível correspondentes a rampas superiores a 15%, o órgão estadual competente determinará as condições a serem adotadas em cada caso particular, podendo permitir rampas até 25% com trechos máximos de 50 m, sempre reduzidos a 15%, numa distância mínima de 40 m, admitida após a redução novas progressões e reduções nos limites indicados.

ARTIGO 7º – Quando um projeto de arruamento interessar a algum ponto panorâmico, ou algum aspecto paisagístico, serão obrigatoriamente postas em prática as medidas convenientes para a sua necessária defesa, podendo o Governo do Estado exigir, como condição para aceitação do projeto, a construção de mirantes, belvederes, balaustradas e a realização de qualquer outra obra porventura necessária ou providenciar no sentido de assegurar a perene servidão pública sobre os mesmos pontos e aspecto.

Recomendações
1. Antes de projetar um loteamento, consulte as posturas municipais aplicáveis.
2. Estube bem a Lei Lehmann (n. 6.766 de 19/12/79).
3. Apoie-se em excelente topografia, tanto na fase de projeto, tanto na fase de demarcação dos lotes.
4. Apoie-se em especialistas de mecânica dos solos ou geólogo para prever obras de águas pluviais que não permitam a erosão da área.

Lembre-se que um terreno natural (normalmente coberto por algum tipo de vegetação) chegou a essa situação durante milênios, estando pois, estabilizado. Obras de corte, aterro são obras que modificam o equilíbrio natural do terreno e são portanto, menos estáveis que a situação anterior. Não se esqueça pois de proteger a nova situação com escoamento controlado de águas pluviais e se possível replantio de vegetação que protege contra a ação erosiva de águas de chuva.

Não deixe de ler a reportagem Laudo Geotécnico para aprovação de Loteamentos, Revista A Construção, n. 1790, de 31/05/82.

4.3. Quadras esportivas – De futebol e poliesportivas

Apresentamos tamanhos padrões (oficiais) de várias quadras esportivas.

Um alerta quanto à adoção das medidas do campo de futebol de campo: as dimensões máximas só devem ser usadas quando o principal uso do campo for para jogos de maior responsabilidade (futebol profissional).

Um campo de futebol usado principalmente por amadores deverá ter dimensões mínimas, pois as dimensões máximas exigem grande esforço atlético, não esperável em atletas amadores.

Referência Bibliográfica

LINDERBERG, Nestor. Os Esportes. São Paulo: Editora Cultrix.

Urbanismo

Futebol de campo, dimensões e medidas*

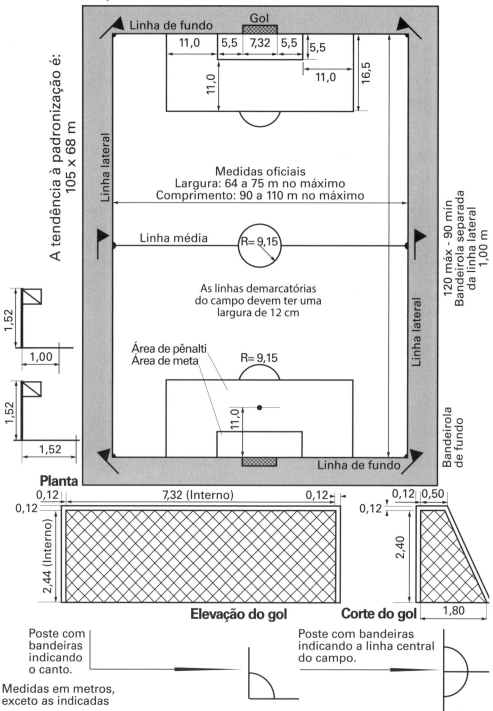

* Consultar sempre a federação desse esporte quanto a eventuais modificações nas medidas.

Basquete e Minibasquete

Vista superior da tabela

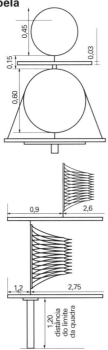

Demarcação da tela
A tabela será sempre pintada de branco, se não for transparente, e demarcada com linhas pretas. Quando transparente, as linhas serão brancas.
Todas as linhas demarcatórias da tabela têm 5 cm de espessura, como as linhas da quadra.

Linha de três pontos
Duas linhas paralelas, perpendiculares à linha de fundo, com as bordas externas a 6,25 m do ponto na quadra diretamente perpendicular ao centro exato da cesta dos adversários. A distância deste ponto da borda interna do ponto médio da linha final é 1,575 m.
Um semicírculo com raio de 6,25 m medido a partir da borda externa do centro (que é o mesmo ponto definido acima) que se encontra com as linhas paralelas.

Federação (11)3251-0862 2112-1900
Rua Frei Caneca, 1407, São Paulo, SP.

Consultar periodicamente quanto a disposição das linhas de demarcação

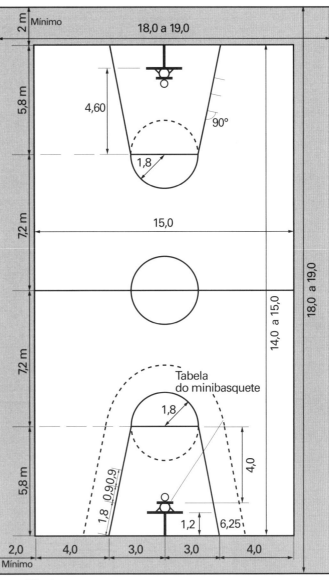

Planta

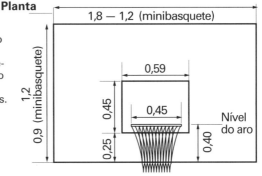

Medidas em metros, exceto as indicadas

Futebol de Salão

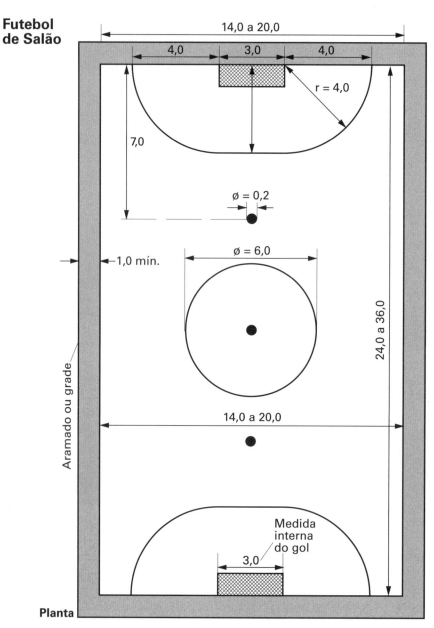

Planta

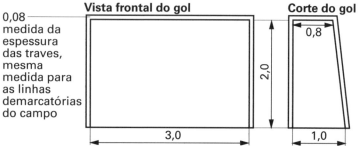

Nota: consultar periodicamente a Federação desse esporte quanto a eventuais modificações das medidas.

0,08 medida da espessura das traves, mesma medida para as linhas demarcatórias do campo

Medidas em metros, exceto as indicadas

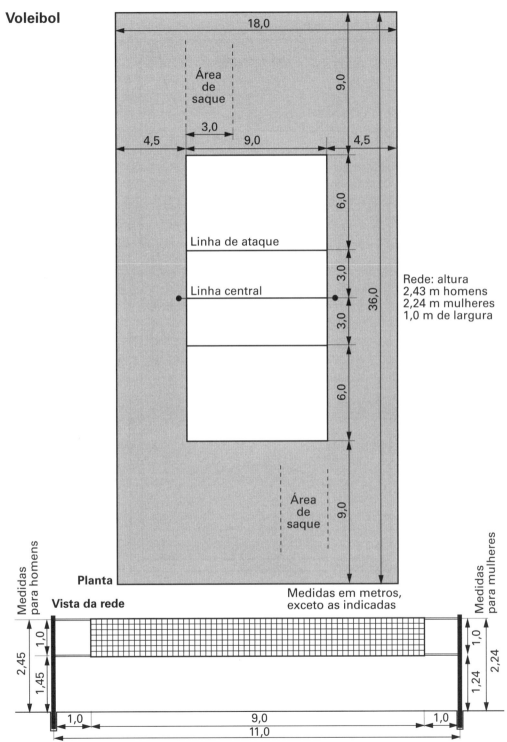

Handebol

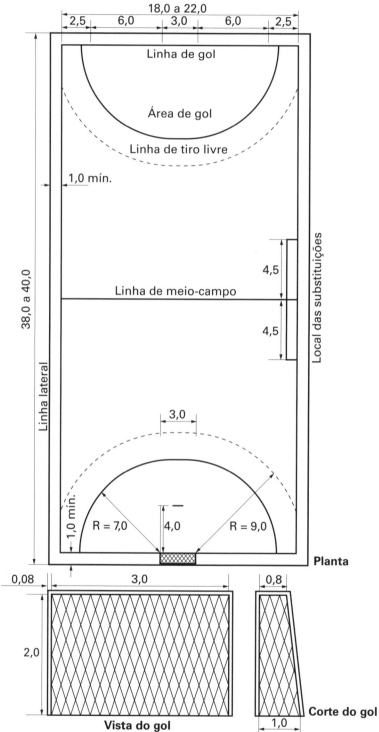

Nota: consultar periodicamenbte a Federação deste esporte no tocante à eventuais modificacões de medidas.

Quadra poliesportiva

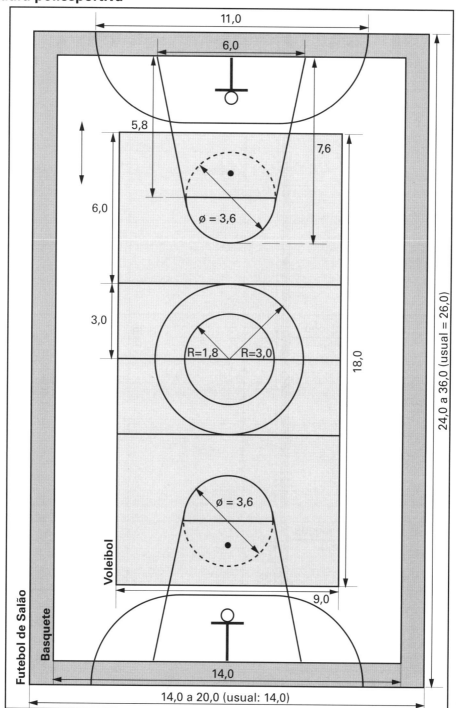

Nota: consultar sempre as Federações no tocante as medidas. Por vezes elas se modificam.

Urbanismo

Bocha

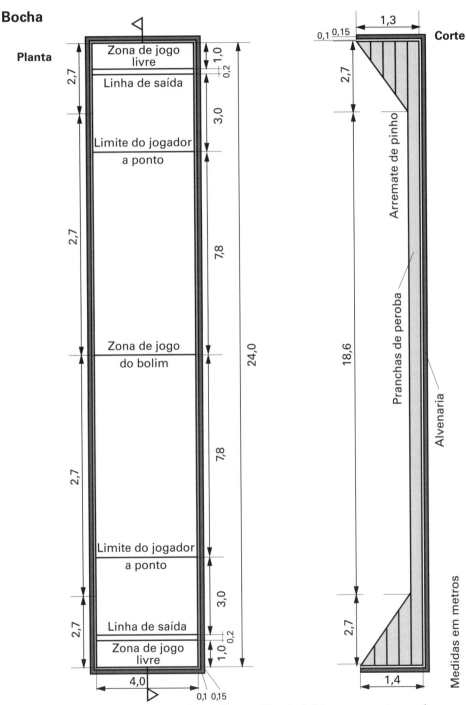

Esporte popular nos estados sulinos a "bocha" é intensamente usada e em Erechim, RS ela é uma religião, junto à colônia italiana da região.

Nota: contatar periodicamente a Federação desse esporte no tocante a eventuais modificaçõrs de medidas.

Malha

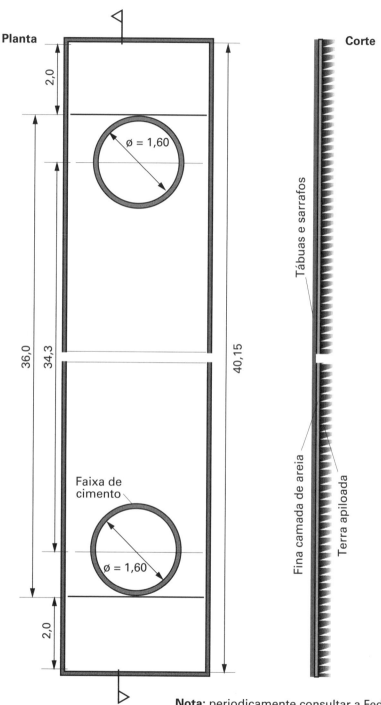

Medidas em metros

Nota: periodicamente consultar a Federação desse esporte para verificar eventuais modificações de medidas.

4.4. Cemitérios

A partir da Proclamação da República, quando foi feita uma separação entre o poder civil e o poder religioso (Igreja Católica Apostólica Romana), a disposição dos cadáveres passou a ser um problema gerenciado pelas prefeituras, respeitando-se ações isoladas de grupos religiosos (católicos, evangélicos, judeus) e de grupos particulares. Em qualquer caso, a disposição de restos humanos é sempre um problema urbano envolvendo:

- Uso de áreas amplas, com facilidade de acesso.
- Problemas de saúde pública.
- Localização e área.

Quanto ao uso de áreas, quando da implantação de cemitérios, sua localização é, geralmente, um pouco afastada do centro urbano para permitir a utilização de áreas amplas, mas com custo não proibitivo. Com o crescer da cidade, o cemitério se aproxima do centro urbano.

A área do cemitério deve ser calculada para possuir:

- locais das sepulturas e eventuais ossários
- sistema de circulação interna
- jardins
- salas de velórios com sanitários
- unidades de apoio
- administração
- salas de cultos religiosos

Para se entender um pouco mais do problema dos locais das sepulturas, há que se aprofundar no conceito da degradação da matéria orgânica, ou seja, da decomposição dos cadáveres. Após a morte, começa lentamente o processo de decomposição da matéria orgânica. Esse processo se acelera depois de algumas dezenas de horas. Inicia-se, então, a primeira fase de decomposição que chega a durar cerca de quatro meses, fase essa denominada anaeróbia. Bactérias presentes no próprio corpo e no ar atacam o corpo (começa pela parte intestinal) e a matéria orgânica se decompõe gerando anidrido carbônico, amônea, gás sulfídrico, metano etc. É a fase de decomposição com produção de gases fétidos. Todas as partes moles e carnes se decompõem e se liquefazem. Após os quatro meses da fase da putrefação, inicia-se uma segunda fase (4 a 5 anos), sem cheiro, após a qual só sobram os ossos, humus e matéria mineral.

Essas duas fases podem não ocorrer na forma descrita se o cadáver possui fortes restos de produtos químicos (por exemplo, antibióticos), podendo o processo de decomposição estacionar em alguma fase, gerando a mumificação[*].

---

[*] As múmias eram cadáveres que sofriam impregnação de produtos químicos para exatamente retardar a decomposição.

Conhecendo-se o processo de decomposição, quais os processos de disposição de cadáveres?

- *Incineração*
  Só disponível nos maiores centros. O corpo é incinerado, só restando cinzas (cerca de 1 kg).
- *Inumação*
  Os corpos são enterrados em terra. Admite-se que uma cobertura de terra (areia não) de 1,5 m seja suficiente para evitar a liberação de cheiros, ou seja, os gases libertam-se lentamente sem causar odores perceptíveis.
- *Tumulação*
  Os corpos são enterrados em jazigos de alvenaria ou de concreto. Nesse último processo os gases produzidos na 1ª etapa da decomposição são expelidos lenta e continuamente. Como os cemitérios são em locais abertos não se percebem esses gases.

A legislação permite que, após cinco anos, os restos mortais, com volume enormemente reduzido, sejam transportados para ossários, que em princípio são eternos ou, pelo menos, previstos para décadas.

No caso da inumação, onde há contato da terra com o material em decomposição, há o risco de contaminação com o lençol freático e portanto do curso de água que drena a região. Para isso a localização do cemitério deve ser tal que não se polua rios previstos para fins mais nobres.

Exemplo de cemitério de tumulação

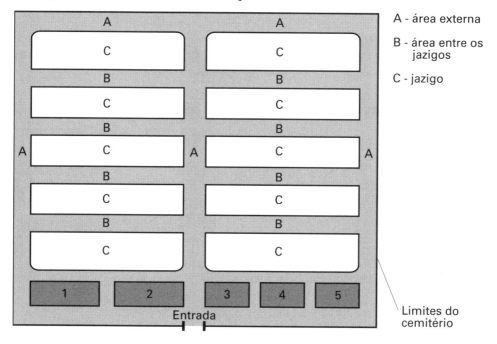

PLANTA

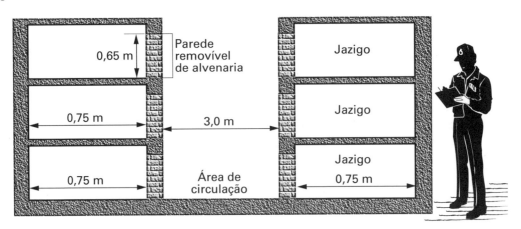

Corte de jazigos
Dimensões-padrão para cada jazigo:
  2,5 m de comprimento
  0,75 m de largura
  0,65 m de altura

4.4.1. Exemplo de cemitério de tumulação

Por prescrições legais, cada cemitério deve ter os seus arquivos (Livro de Tombo) onde constam: o nome, a data do enterro e o arquivo das certidões de óbito dos enterrados.

Para permitir a reutilização do jazigo, os tapamentos dos acessos aos jazigos devem ser feitos com placas facilmente removíveis, ou usa-se alvenaria com argamassa fraca (areia e cal).

Apresentam-se a seguir as normas do Código de Obras de São Paulo, quanto a dimensões mínimas de unidades complementares de cemitérios.

4.4.2. Velórios e necrotérios (Lei n. 8.266 São Paulo, SP)[*]

ARTIGO 469° – As edificações para velório deverão conter os seguintes compartimentos ou instalações mínimas:
I.   Sala de vigília, com área mínima de 20,00 m^2;
II. Local de descanso ou espera, próximo à sala de vigília, coberto ou descoberto, com área mínima de 40,00 m^2;
III. Instalações sanitárias para o público, próximas à sala de vigília, em compartimentos separados para homens e mulheres, cada um dispondo, pelo menos, de 1 lavatório e 1 latrina e com área mínima de 1,50 m^2;
IV. Instalação de bebedouro com filtro.

---

[*] Esta lei municipal paulistana já foi substituída, mas suas informações técnicas são úteis para todo o país.

Urbanismo

ARTIGO 470° – As edificações para necrotérios deverão conter, no mínimo, os seguintes compartimentos:

I. Sala de autópsia, com área mínima de 16,00 m², dotada de mesa de mármore, vidro ou material similar, e uma pia com água corrente. As mesas para necrópsia terão forma que facilite o escoamento dos líquidos e a sua captação;

II. Instalações sanitárias dispondo, pelo menos, de 1 lavatório, 1 latrina e 1 chuveiro, com área mínima de 1,50 m².

Referências Bibliográficas

1) Os Cemitérios, Um Problema de Engenharia Sanitária, Eng. Ernani Bergamo, Anais do 4° Congresso Interamericano de Engenharia Sanitária, 1954.
2) Normas CETESB.

4.5. Controle de erosão – Voçorocas*

4.5.1. Generalidades

A erosão é o resultado da ação física dos agentes da natureza (vento e chuva, principalmente), sobre solos desprotegidos e que apresentam baixa coesão entre os materiais que os constituem.

A erosão rural ou urbana é propiciada normalmente pela ação incauta do homem sobre as coberturas vegetais existentes.

Para controlar de maneira definitiva a erosão urbana, devem ser analisados e estudados alguns aspectos, abrangendo: rede de galerias de água pluviais; obras de extremidade que garantam a estabilização dos canais naturais de jusante; pavimentação de ruas; e medidas de prevenção, necessárias para evitar problemas futuros.

Os projetos e obras de drenagem e pavimentação são semelhantes entre si, mesmo no caso de terrenos sujeitos à erosão, embora haja, neste caso, necessidade de tomar certas precauções no caso de se tratarem de terrenos arenosos.

O controle da erosão em forma de voçorocas poderá ser feito pelo ataque aos fatores geradores que são o escoamento superficial e o escoamento subterrâneo. Constituirá basicamente em disciplinar as águas.

Com referência ao escoamento superficial, pode-se fazer o controle atuando sobre os três fatores principais: vazão, declividade e natureza do terreno; isoladamente ou em combinação, tendo em vista deter a erosão com a segurança requerida e com a combinação de medidas mais econômicas do ponto de vista de construção e manutenção.

---

* Texto do Eng. Cauby H. Rêgo.

O controle da erosão causada pelas águas subterrâneas se resume na utilização das soluções usuais de engenharia para a estabilização dos taludes, consistindo na drenagem e estabilização das superfícies e do pé dos taludes.

Eis uma voçoroca

No que se refere ao escoamento superficial, combate-se a erosão atuando sobre:
- A vazão afluente à voçoroca, construindo-se canais de desvio ou emissários que conduzam as águas para jusante da voçoroca ou do canal instável, ou para pontos no fundo da voçoroca, com a adoção de medidas para a sua estabilização.
- A declividade longitudinal do talvegue, construindo barragens escalonadas, que permitirão a obtenção de menores velocidades do fluxo de água, compatíveis com o material do leito do canal, de modo a não ocorrer a erosão do mesmo. Essas barragens, em sua forma mais completa, constituem-se de: dique, vertedor e dissipador de energia.
- A resistência do solo à erosão, modificando-se a sua cobertura com a utilização de vegetação, solo-cimento, enrocamento ou outro revestimento.

O controle da erosão pode ser dividido em duas fases: a prevenção e o combate.

4.5.2. Prevenção contra a erosão

A prevenção consiste em estabelecer uma disciplina de ocupação do solo.

Esta disciplina será conseguida com a realização de estudos e projetos que resultem na proposição de:

a. Zoneamento, definindo:
- Usos do solo e delimitação das zonas de ocupação futura.
- Zoneamento urbano, incluindo: zonas habitacionais; zonas comerciais; zonas industriais; zonas de serviços; além de áreas de proteção.
- Zoneamento suburbano.

b. Sistema viário, incluindo:
- Apreciação do sistema viário existente.
- Sistema viário a ser proposto.
- Projeto geométrico com dimensões das ruas, cortes etc.

c. Caracterização de futuros loteamentos
- Estabelecidas as proposições para zoneamento e o sistema viário, deverão ser caracterizadas as áreas para os futuros loteamentos viáveis sob o ponto de vista físico.

d. Legislação aplicável
- Todas as medidas e projetos aprovados deverão ser consubstanciados em leis, de forma a dar respaldo às decisões de prevenção contra a erosão assumidas.

4.5.3. Combate à erosão

O combate à erosão, provocada pelas chuvas, consiste basicamente no disciplinamento do escoamento destas águas e do seu lançamento a jusante.

Cabe salientar que a pavimentação crescente das vias públicas e mesmo a implantação das redes públicas de drenagem provocam a diminuição dos tempos de concentração das águas drenadas, bem como o aumento destas vazões e, dessa forma, muitas vezes, a melhoria dos sistemas viários, com a pavimentação e instalação das redes de drenagem, podem proporcionar a instalação de graves processos erosivos nas áreas de lançamento.

Cabe, portanto, no combate à erosão, associar à instalação das redes de drenagem, obras de extremidade para a proteção das áreas de lançamento das águas drenadas.

Em muitas cidades esses processos erosivos já se acham instalados e, portanto, o estabelecimento das obras de extremidade devem levar em consideração esta realidade.

Dentre as obras de extremidade, destacam-se as seguintes:

- canais de desvio e emissários
- dissipadores de energia
- obras de estabilização de canais naturais
- obras de estabilização de taludes e de proteções de superfícies

Os canais de desvio e os emissários são usados para desviar o lançamento das águas coletadas pela rede de drenagem de áreas já tomadas por processos erosivos ou com tendências para tal.

Os dissipadores de energia são utilizados para reduzir a velocidade das águas a valores suportáveis para as condições existentes a jusante.

Dentre os sistemas de dissipação de energia, destacam-se os seguintes:
- bacia de imersão ou mergulho
- dissipador de impacto tipo *Bradley-Peterka*
- dissipador tipo SAF
- dissipador metálico

As figuras 1 e 2, adiante, ilustram alguns desses tipos de dissipadores.

As obras de estabilização de canais naturais são conseguidas com a construção de barragens, às vezes, várias, dispostas em série ao longo dos canais. Essas barragens são muitas vezes constituídas de gabiões.

Quanto às obras de estabilização de taludes e de proteções de superfícies, estas estão ligadas diretamente aos projetos de prevenção, através das leis de ocupação do solo, e são propostas muitas vezes em projetos de paisagismo, incluindo a recuperação urbanística das áreas afetadas.

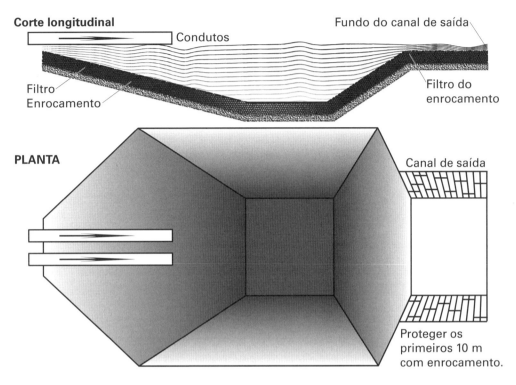

Figura 1 Dissipador de energia da água tipo *Bradley-Peterka*

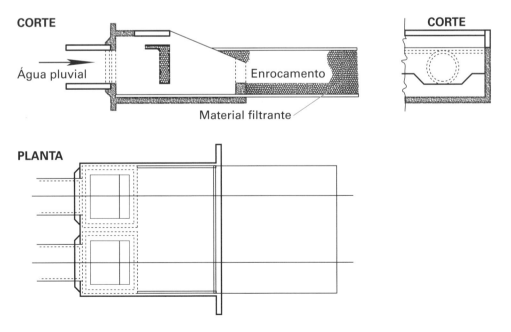

Figura 2 Dissipador de energia da água tipo *Bradley-Peterka*

Capítulo 5

TABELAS PRÁTICAS

5.1. Tabelas.
5.2. E quando o triângulo não for retângulo? – A lei dos cossenos, dos senos, tabela de senos, cossenos e tangentes.
5.3. Juros – O caso dos índios Sioux – Os verdadeiros juros da caderneta de poupança.
5.4. A mistério da Tabela Price.
5.5. A tabela dos vivaldinos dos juros embutidos.

5.1. Tabelas

Tabela 5.2 Tabelas de conversão de unidades

Comprimento

1 metro = 100 cm = 10 dm = 1.000 mm
1 pé = 30,48 cm
1 cm = 0,3937 pol
1 polegada (*inch*) = 2,54 cm
1 jarda (*yard*) = 91,44 cm
1 milha (*mile*) = 1.609 m
1 milha marítima (náutica) = 1.853 m
1 metro = 1,093 jardas (*yard*)
1 metro = 39,37 polegadas (*inch*)
1 metro = 3,28 pés (*foot*)
1 decâmetro = 10 m
1 hectômetro = 100 m
1 quilômetro = 1.000 m

Área

1 hectare (ha) = 10.000 m^2
1 acre = 4.047 m^2
1 polegada quadrada (*square inch*) = 6,45 cm^2
1 pé quadrado (*square foot*) = 929 cm^2

Volume

1 litro = 1 dm^3 = 1.000 cm^3 = 1.000 mililitros
1 galão americano (*US gallon*) = 3,785 L
1 galão imperial (inglês) = 4,546 L
1 litro = 0,2199 galão imperial
1 litro = 0,2642 galão americano
1 barril (de petróleo) = 42 US gal = 158,98 L
1 litro = 1.000 cm^3
1 mililitro = 1 cm^3
1 bushel = 35,23 litros
1 m^3 = 1.000 litros
1 garrafa = 0,666 litros

Vazão

1 m^3/s = 1.000 L/s
1 m^3/hora = 1.000 L/h = 0,277 L/s
1 m^3/hora = 0,589 cuft/min
1 US gal/min = 225 L/h = 0,0631 L/s = 1 GPM

Tabela 5.2 (*Continuação*)

Força-massa

1 *kgf* = 9,806 N (N − Newton)
1 t = 1.000 kg
1 N = 0,1019 kgf
1 kg = 1.000 g
1 libra (*pound*) = 453,6 g
1 quilo (kg) = 2,2046 lb (pounds)
1 grão (*grain*) = 0,0648 g
1 onça (*oz*) = 28,349 g
1 g = 0,035274 onças
1 tonelada inglesa (*gross ton*) = 1.016 kg
1 tonelada curta (net ton) = 907 kg = 2.000 libras (*pounds*)

Pressão

1 kg f/cm^2 = 0,1 MPa (Mega Pascal)
1 kg f/cm^2 = 1 kp/cm^2 = 98 Pa = 98.000 N/m^2
1 kg f/cm^2 = 1 bar = 14,22 psi
1 bar = 10^5 Pa = 10 5 N/m2 = 10 N/cm^2
1 psi (*pound par square inch*) = 0,070307 kg/cm^2
1 atmosfera = 1,033 kg/cm^2
1 mca (metro de coluna de água) = 0,1 kg/cm^2
1 mca = 0,1 atmosfera
1 kg/cm^2 = 10 t/m^2
1 t/m^2 = 0,1 kg/cm^2
1 Pascal (Pa) = 1 N/m^2
1 Mega Pascal (MPa) = 10^6 Pa = 10^6 N/m^2 = 100 N/cm2
1 MPa = 10 kg f/cm^2

Potência

1 hp (*horse power*) = 1,014 cv (cavalo vapor)
1 hp = 745,7 W = 0,7457 kW
1 kW = 1,34 hp = 1,36 cv
1 cv = 0,736 kW = 736 W = 0,986 hp = 75 kgm/s

Para grandes números use a chamada notação científica, assim o raio da Terra é da ordem de 6.371.000 m = 6.371 × 10^6 m.

Nota curiosa

- No Estado de São Paulo existe uma unidade de volume muito usada no comércio de alimentos, é o chamado "caixote CEASA" com dimensões 51 x 30 x 21,5, igual à 33 litros.

Manual de Primeiros Socorros do Engenheiro e do Arquiteto

Tabelas Práticas

°C	°F	°C	°F	°C	°F
Tabela 5.3 Tabela de conversão de temperatura graus Celsius e graus Farenheit					
0	32	35	95	65	149
5	41	40	104	70	158
10	50	45	113	75	167
15	59	50	122	80	176
20	68	55	131	85	185
25	77	60	140	90	194
30	86			95	203
				100	212

A fórmula de conversão de °C para °F é: multiplica-se por 9/5 e acrescenta-se 32. Por exemplo, converter a temperatura 40 °C para 0 °F.

$$\frac{9}{5} \times 40 + 32 = 104 \ °F$$

De F° para C° é diminuir de 32 °F e multiplicar 5/9. Por exemplo, converter a temperatura 122 °F para 0 °C.

$$(122 - 32) \times \frac{9}{5} = 50 \ °C$$

5.1.1 Curiosidades sobre as unidades de medidas

a. O padrão metro foi originalmente estabelecido como parte de medida do meridiano terrestre. Como, com a evolução da qualidade de medida desse meridiano, esse valor se alteraria, optou-se posteriormente por associar o padrão à distância entre dois traços de barra padrão depositada no Pavilhão do Metro em Sevres, Paris. E se um acidente alterasse esse padrão? Optou-se, posteriormente, por definir o padrão metro a partir de uma inalterável e reproduzível medida física. Atualmente, o metro é definido por uma distância que a luz corre em determinado espaço de tempo.

b. O padrão de volume galão americano (1 US Gallon = 3,785 L) é posterior à fixação do galão inglês imperial (4,54 L). Dizem as más línguas (não vou citar a fonte) que a razão da diferença era facilitar a venda de produtos americanos e, é claro, atrapalhar a venda de produtos ingleses no mercado internacional.

c. No Brasil, até hoje, a comercialização de certos produtos é feita em unidades muito curiosas:
   - cerveja em hectolitros (100 litros)
   - carne em arroba, 1 arroba = 14,689 kg
   - lápis em grosa = 12 dúzias
   - papel em resma = 500 folhas
   - cacho de banana = 1 cacho

   Fazendas e sítios em alqueires, sendo:
   - alqueire paulista = 24.200 m^2
   - alqueire mineiro = 48.400 m^2

d. A distância no interior por vezes ainda é medida em léguas.
   - 1 légua = 6.600 m

   Essa medida é tão antiga que é chamada de légua de sesmaria.

e. No comércio internacional usam-se as medidas:
   - 1 barril de petróleo = 158,98 L
   - 1 *bushel* de trigo = 35,23 L
   - 1 quilate de ouro = 0,205 g
   - 1 onça *troy* = 31,104 g

f. A velocidade dos barcos é medida em nós.
   - 1 nó = 1 milha marítima por hora = 1.852 m/h.
   - Um transatlântico tem uma velocidade média de 25 nós = 47 km/h.
   - Um veleiro tem uma velocidade de 6 nós.

g. Na região de Bragança Paulista, SP, a área de sítios é descrita em várias escrituras como medida em litros. Medida de área com unidade de volume? É que a área de sítios no passado era associada a litros de semente para semear. Anotemos: cada verdade é função de época, do local e da necessidade.

k. As unidades de medida das grandezas da Física e da Química tem seu símbolo indicado com letras minúsculas como:

$$m, k, ha, cm, g.$$

Só se usa letra maiúscula quando o símbolo provém de uma homenagem a um nome histórico como Ampere (A), Newton (N), Pascal (Pa), Volt (V),

Celsius (C), Kelvin (K). Exceção a expressão mega que, para não confundir com o símbolo do metro, usa-se a letra maiúscula M. Um mega = 1 M = 10 elevado a 6.

Mas, atenção com a escrita completa da unidade, pois não usam-se maiúsculas ou plural. Assim:
- 12 MPa = doze megapascal e não doze megapascais
- 4 N = quatro newton

Recordemos:
- 1 MPa = 10 elevado a 6 multiplicado por 1 Pa.
- 1 Pa = 1 N / m^2 aproximadamente 0,1 kgf/m^2

Nota
- Para evitar confusões visuais aceita-se que o símbolo da medida litro seja "L".

Curiosidade
- A expressão bilhão não tem o mesmo sentido em várias línguas. Na língua portuguesa 1 bilhão é 1.000 x 1.000.000. Em outras línguas 1 bilhão = 1 milhão multiplicado por 1 milhão. A recomendação dos acordos técnicos internacionais é evitar esses problemas usando a chamada notação científica do tipo 10 elevado a 6 ou 10 elevado a 9, que tem compreensão indiscutível em todas as línguas civilizadas do planeta.

5.2. E quando o triângulo não for retângulo? – A lei dos cossenos, dos senos, tabelas de senos, cossenos e tangentes

5.2.1. A história dos triângulos

1ª Lei

A soma de todos os ângulos internos de um triângulo é de 180°. Dado um triângulo com ângulos B = 97° e C = 41°, quanto vale A?

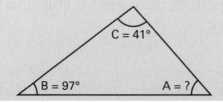

O terceiro ângulo (A) valerá:
$$A + B + C = 180°$$
$$A = 180° - B - C = 180° - 41° - 97°$$
$$A = 42°$$

A 1ª lei regula apenas medidas angulares. Nada trata quanto às medidas dos lados do triângulo.

A 2ª lei importante é a relativa aos triângulos retângulos (triângulo com um ângulo reto, ou seja, 90°).

Vamos à 2ª Lei:

2ª Lei – Teorema de Pitágoras

No triângulo-retângulo o quadrado da hipotenusa é igual à soma dos quadrados dos outros lados.

Assim, se tivermos um triângulo com um lado $b = 3,2$ m, a hipotenusa (lado oposto ao ângulo reto), igual a 5,3 m, o outro lado valerá:

$$a^2 = b^2 + c^2$$

ou

$$5,3^2 = 3,2^2 + c^2$$
$$c^2 = 5,3^2 - 3,2^2$$
$$c^2 = 28,09 - 10,24$$
$$c^2 = 17,85$$
$$c = 4,22 \text{ m}$$

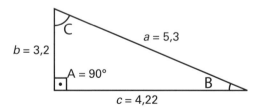

Nada sabemos até aqui quanto aos ângulos C e B. Acontece que, para cada ângulo B e C é constante a relação entre A e C e entre B e C. Se tivermos uma tabela que nos dê essas constantes, então saberemos os valores desses ângulos.

Batizemos esses valores constantes para cada ângulo.

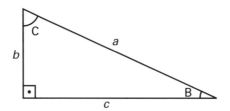

$$\text{sen B} = \frac{b}{a} \qquad \cos B = \frac{C}{a} \qquad \text{tang B} = \frac{b}{c}$$

Analogamente:

$$\cos C = \frac{b}{a} \qquad \text{sen C} = \frac{c}{a} \qquad \text{tang C} = \frac{c}{b}$$

Basta então olhar nas tabelas de seno e cosseno e, tendo o valor do seno (ou cosseno ou tangente), descobrir o ângulo.

No nosso triângulo:

$$\left. \begin{array}{l} \text{sen B} = \dfrac{b}{a} = \dfrac{3,2}{5,3} = 0,603 \\[6pt] \cos B = \dfrac{c}{a} = \dfrac{4,22}{5,3} = 0,796 \\[6pt] \text{tang B} = \dfrac{c}{b} = \dfrac{3,2}{4,22} = 0,758 \end{array} \right\}$$

Para qualquer das três relações, olhando-se nas tabelas de seno, cosseno e tangente: $B \cong 37°$

Os valores de seno, cosseno e tangente estão na Tabela 5.1.

Nota curiosa

- Na construção civil e na engenharia em geral a relação mais usada é a tangente com vários nomes, tais como: declividade, inclinação, nível de rampa etc. Porque ela é a relação mais usada? É que ela usa duas medidas não influenciada pela ação da gravidade, a saber *b* e *c* (triângulo desta página). A medida *a* é influenciada pela ação da gravidade. A tangente é então a "Rainha da Trigonometria".

Tabela 5.1 Tabelas de senos, cossenos e tangentes

Ângulos	Senos	Cossenos	Tangentes	Cotangentes	
0°	0,000	1,000	0,000		90°
1°	0,017	0,999	0,017	57,290	89°
2°	0,034	0,999	0,034	28,636	88°
3°	0,052	0,998	0,052	19,081	87°
4°	0,069	0,997	0,069	14,300	86°
5°	0,087	0,996	0,087	11,430	85°
6°	0,104	0,994	0,105	9,514	84°
7°	0,121	0,992	0,122	8,144	83°
8°	0,139	0,990	0,140	7,115	82°
9°	0,156	0,987	0,158	6,313	81°
10°	0,173	0,984	0,176	5,671	80°
11°	0,190	0,981	0,194	5,144	79°
12°	0,207	0,978	0,212	4,704	78°
13°	0,225	0,974	0,230	4,331	77°
14°	0,241	0,970	0,249	4,010	76°
15°	0,258	0,965	0,267	3,732	75°
16°	0,275	0,961	0,286	3,487	74°
17°	0,292	0,956	0,305	3,270	73°
18°	0,309	0,951	0,324	3,077	72°
19°	0,325	0,945	0,344	2,904	71°
20°	0,342	0,939	0,364	2,747	70°
21°	0,358	0,933	0,383	2,605	69°
22°	0,374	0,927	0,404	2,475	68°
23°	0,390	0,920	0,424	2,355	67°
24°	0,406	0,913	0,445	2,246	66°
25°	0,422	0,906	0,466	2,144	65°
26°	0,438	0,898	0,487	2,050	64°
27°	0,454	0,891	0,509	1,962	63°
28°	0,469	0,882	0,531	1,880	62°
29°	0,484	0,874	0,554	1,804	61°
30°	0,500	0,866	0,577	1,732	60°
31°	0,515	0,857	0,600	1,664	59°
32°	0,529	0,848	0,624	1,600	58°
33°	0,544	0,838	0,649	1,539	57°
34°	0,559	0,829	0,674	1,482	56°
35°	0,573	0,819	0,700	1,428	55°
36°	0,587	0,809	0,726	1,376	54°
37°	0,601	0,798	0,753	1,327	53°
38°	0,615	0,788	0,781	1,279	52°
39°	0,629	0,777	0,809	1,234	51°
40°	0,642	0,766	0,839	1,191	50°
41°	0,656	0,754	0,869	1,150	49°
42°	0,669	0,743	0,900	1,110	48°
43°	0,682	0,731	0,932	1,072	47°
44°	0,694	0,719	0,965	1,035	46°
45°	0,707	0,707	1,000	1,000	45°
	Cossenos	Senos	Cotangentes	Tangentes	Ângulos

$$\operatorname{cotg} C = \frac{1}{\operatorname{tg} C}$$

Conhecidos A = 90°, B = 37° o ângulo C resulta da 1ª Lei.

$$1^a \text{ Lei} \quad C = 180° - 90° - 37° - 53°$$

Seja, agora, um outro problema. Num triângulo retângulo conhecemos um cateto b = 11,7 m e que o seu ângulo adjacente é de C = 23°. Quais são os outros lados:

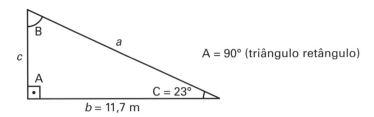

Não adianta aplicar o Teorema de Pitágoras pois só conhecemos um cateto b = 11,7 m. Em todo o caso vale sempre para qualquer triângulo-retângulo.

$$\boxed{a^2 = b^2 + c^2 \quad \text{(Teorema de Pitágoras)}}$$

Como sabemos, A + B + C = 180° e A = 90° (triângulo-retângulo). Teremos, pela 1ª Lei, B = 180° − 90° − 23° = 67°. Já sabemos então os três ângulos.

Podemos agora, usando as tabelas de seno e cosseno, descobrir os lados.

$$\cos C = \cos 23° = 0{,}92 = \frac{b}{a} = 0{,}92 = \frac{11{,}7}{a}$$

$$a = \frac{11{,}7}{0{,}92} = 12{,}7 \text{ m}$$

Conhecendo-se a = 12,7 m, b = 11,7 m, conhece-se (Teorema de Pitágoras) o lado c.

$$12{,}7^2 = 11{,}7^2 + c^2 \therefore c^2 = 12{,}7^2 - 11{,}7^2 =$$
$$c^2 = 161 - 136{,}8 \therefore c = 4{,}92 \text{ m}$$

Note-se que o lado c poderia ser calculado alternativamente pelo:

$$\cos B = \cos 67° = 0{,}39 = \frac{c}{a} = 0{,}39 \cdot 12{,}7 = c = 4{,}95$$

(notar a pequena divergência, face à precisão).

Temos, assim, como calcular todos os elementos dos triângulos. Tudo claro? Mas, e se o triângulo não for retângulo, ou seja, se ele for qualquer?

Valem, então, a 3ª e 4ª Leis, conhecidas respectivamente como Lei dos Senos e Lei dos Cossenos. Valem para qualquer triângulo.

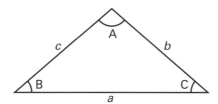

3ª Lei – Lei dos senos

$$\frac{a}{\operatorname{sen} A} = \frac{b}{\operatorname{sen} B} = \frac{c}{\operatorname{sen} C}$$

4ª Lei – Lei dos cossenos (aplicada ao lado a)

$$a^2 = b^2 + c^2 - 2\,bc \cdot \cos A$$

4ª Lei – (aplicada ao lado b)

$$b^2 = a^2 + c^2 - 2\,ac \cdot \cos B$$

4ª Lei – (aplicada ao lado c)

$$c^2 = b^2 + a^2 - 2\,ab \cdot \cos C$$

Nota
- Ao aplicar a Lei dos Cossenos, quando o ângulo indicado na fórmula for maior que 90°, pega-se o seu suplemento[*] e usa-se a fórmula com a última parcela com sinal positivo.

---

[*] O suplemento de um ângulo X é 180 – X. Por exemplo, o suplemento do ângulo de 102° é 180 – 102 = 78°.

1º Problema

Num triângulo são conhecidos dois ângulos A = 37°, B = 69° e um lado c = 14,31 m. Determinar os outros lados e o outro ângulo.

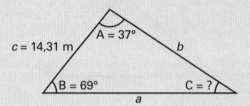

Nos nossos exercícios, B é o ângulo que se opõe a b, A se opõe a a e C se opõe a c.
Da 1ª Lei

$$A + B + C = 180°$$

Logo:

$$37° + 69° + C = 180° \therefore C = 180 - 37 - 69 = 74°$$

Conhecidos os três ângulos, a determinação dos outros dois lados pode ser feita pela Lei dos Senos ou Cossenos, mas é mais rápida*, nesse caso, a Lei dos Senos.

$$\text{sen A} = \text{sen } 37° = 0,601$$
$$\text{sen B} = \text{sen } 69° = 0,933$$
$$\text{sen C} = \text{sen } 74° = 0,961$$

Pela Lei dos Senos

$$\frac{a}{\text{sen A}} = \frac{b}{\text{sen B}} = \frac{c}{\text{sen C}}$$

Aplicando-se

$$\frac{b}{\text{sen B}} = \frac{c}{\text{sen C}} \therefore \frac{b}{0,9336} = \frac{14,3}{0,9613}$$

$$b = \frac{14,31 \times 0,933}{0,961} = 13,89 \text{ m}$$

---

* Aplicando-se a Lei dos Senos ou a Lei dos Cossenos, chegam-se aos mesmos resultados e a opção de uso é pelo aspecto de praticidade do cálculo.

Aplicando-se pela 2ª vez a Lei dos Senos

$$\frac{a}{\operatorname{sen} A} = \frac{b}{\operatorname{sen} B} \quad \therefore \quad \frac{a}{0,6018} = \frac{13,89}{0,9336}$$

$$a = \frac{13,89 \times 0,601}{0,933} = 8,95 \text{ m}$$

Está resolvido o problema pois conhecemos:
$a = 8,95$ m $A = 37°$
$b = 13,89$ m $B = 69°$
$c = 14,31$ m $C = 74°$

2º Problema

Num triângulo conhecem-se dos lados $a = 38,72$ m, $b = 47,32$ m e o ângulo C = 103°. Definir o Triângulo:

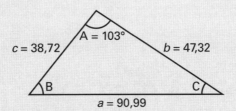

Pela 1ª Lei:
A + B + C = 180°, mas como só conhecemos C = 103°, não dá para descobrir B e A só aplicando a 1ª Lei.
Nesse caso é mais prático partir para a Lei dos Cossenos. Como A é mais que 90°, trabalha-se com o seu suplemento (180 – 103 = 77°) e com sinal positivo.

$$c^2 = a^2 + b^2 + 2ab \cdot \cos(180 - A)$$
$$c^2 = 38,72^2 + 47,32^2 + 2 \cdot 38,72 \cdot 47,32 \cdot \cos(180 - 103°)$$
$$c^2 = 1.499 + 2.239 + 3.664 \cdot \cos(180° - 103°)$$
$$c^2 = 3.738 + 3.664 \cdot \cos(180° - 103°)$$

Lembrando

$$\cos(180 - 103°) = \cos(77°) = 0,225$$

Então:

$$c_2 = 3.738 + 3.664 \cdot 0{,}225 = 3.738 + 824$$

Logo:

$$c^2 = 4.562$$
$$c = 67{,}5 \text{ m}$$

Resta, agora, calcular um dos ângulos desconhecidos

$$\frac{a}{\operatorname{sen} A} = \frac{c}{\operatorname{sen} C} \qquad \operatorname{sen} A = \frac{a \cdot \operatorname{sen} C}{c} = \frac{38{,}72 \times 0{,}974}{67{,}5} = 0{,}558$$

Logo A = 34°.
Pela 1ª Lei

$$A + B + C = 180°$$
$$B = 180 - A - C = 180° - 34° - 103°$$
$$B = 43°$$

3º Problema

Um triângulo tem ângulos de 43°, 92° e 45°. Calcular seus lados. Não dá para resolver. Para resolver um triângulo exige-se, pelo menos, uma medida de comprimento. Há infinitos triângulos com esses três ângulos.

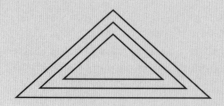

4º Problema

Um triângulo tem ângulos de 114°, 22° e um lado ao ângulo de 114° igual a 325 m. Determinar o triângulo.

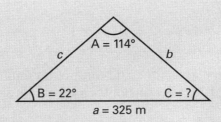

Pela 1ª Lei

$$A + B + C = 180°$$
$$114° + 22° + C = 180°$$
$$C = 44°$$

Vamos aplicar a lei dos senos

$$\frac{a}{\operatorname{sen} A} = \frac{b}{\operatorname{sen} B} = \frac{c}{\operatorname{sen} C}$$

usaremos

$$\frac{325}{\operatorname{sen} 114°} = \frac{b}{\operatorname{sen} 22°}$$

$$b = \frac{325 \cdot \operatorname{sen} 22°}{\operatorname{sen} 114°}$$

sendo

$$\operatorname{sen} 22° = 0{,}374$$
$$\operatorname{sen} 114° = \operatorname{sen} 66° = 0{,}913$$
$$b = \frac{325 \cdot 0{,}374}{0{,}913} = 133 \text{ m}$$

Já conhecemos dois lados. Apliquemos novamente a lei dos senos para calcular o terceiro lado.

$$\frac{c}{\operatorname{sen} C} = \frac{b}{\operatorname{sen} B}$$

$$c = \frac{b \operatorname{sen} c}{\operatorname{sen} C} = \frac{133 \cdot \operatorname{sen} 44°}{\operatorname{sen} 22°} = \frac{133 \cdot 0{,}694}{0{,}374} = 246 \text{ m}$$

Está resolvido o triângulo pois conhecemos os três lados e os três ângulos.

5º Problema

O prédio inacessível.
Um dia tive que calcular a altura de um prédio muito alto e sem poder chegar muito perto dele. Usei teodolito* para medir ângulos e trena para medir a distância MN.

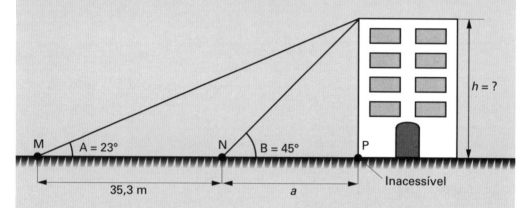

Como resolvi? Apliquei duas vezes o conceito da tangente.
1º Uso

$$\tang A = \tang 23° = \frac{h}{35,3 + a}$$

Como

$$\tang 23° = 0,424 = \frac{h}{35,3 + a}$$

(1ª conclusão) $\boxed{h = 0,424 \, (35,3 + a)}$

2º Uso

$$\tang B = \tang 43° = \frac{h}{a}$$

Como

$$\tang 43° = 0,932 \quad \therefore \quad \frac{h}{a} = 0,932$$

(2ª conclusão) $\boxed{h = 0,932 \cdot a}$

---
* Medidor de ângulos (o conhecido transferidor).

Igualando a 1ª conclusão com 2ª conclusão

$$0,424\,(35,3+a) = 0,932a$$
$$14,96 + 0,424a = 0,932a$$
$$14,96 = 0,508a$$
$$a = \frac{14,96}{0,508} = 29,45 \text{ m}$$

e como

$$h = 0,932 \cdot a = 0,932 \cdot 29,45 \therefore h = 27,47 \text{ m.}^*$$

Conseguimos calcular a altura, sem chegar perto do prédio!!

---

* Um prédio com 27,47 m deve ter algo como 9 andares, pois cada andar tem cerca de 3 m na vertical.

5.3. Juros – O caso dos índios Sioux – Os verdadeiros juros da caderneta de poupança

5.3.1. Introdução – Juros

O conceito de juros é facílimo, assim como sua fórmula inicial. Curiosamente, seus desdobramentos são um pouco complicados. Meu fiel leitor, pegue a minha mão e siga os meus caminhos. Cuidado com atalhos.

Para entender de vez o conceito de juros, definamo-lo: juro é o pagamento de uma quantia ao final de um período e proporcional ao valor (capital) que foi emprestado nesse período. A taxa de juros é a relação entre a quantia paga de juros e o capital.

Assim, se tomei emprestado R$ 170.000,00 (capital) para pagar com juros a uma taxa de 9% ao mês, ao fim de um mês pagarei:

Pagamento do capital (amortização)	R$ 170.000,00
Juros 9% de R$ 170.000,00	R$ 15.300,00
Total	R$ 185.300,00

Até aqui tudo claro?

Veja agora este caso. Um terrível agiota, de nome João*, emprestou-me R$ 120.000,00 a taxa de 11% ao mês, para pagamento mensal de juros e amortização do capital só no final de três meses. Se fiquei por três meses com o capital e pagando juros mensais de 11% então:

1° evento
    Tempo zero. Tomada do empréstimo.
2° evento
    Dai a 30 dias pagarei juros de 11% × 120.000,00 = 13.200,00
3° evento
    Daí a mais 30 dias (60 dias) pagarei juros de
                11% × 120.000,00 = 13.200,00
4° evento
    Daí a mais 30 dias (90 dias) pagarei juros de
                11% × 120.000,00 = 13.200,00
    e pagando o capital no seu vencimento
    R$ 120.000,00, perfaz um total de (120.000,00 + 3 × 132,00) igual à
                R$ 159.600,00

Observe-se que foi respeitado integralmente o disposto na definição. No fim de cada período (no caso foi um mês), paguei um porcentual (11%) do capital (120.000,00) que ficou comigo no período. Podemos expressar todo esse raciocínio pela fórmula:

$$F = P \cdot (1 + i)^n$$

Onde P = capital
        i = taxa de juros
        n = período de tempo (número de eventos)
        F = valor final
        Juros = $F - P$

Imaginemos agora, no mesmo caso do terrível agiota, que eu não pudesse pagar mensalmente os juros, e só pagasse os juros no final dos três meses. Não tenham dúvida que o terrível agiota faria o seguinte *correto* cálculo:

1° Evento
    Tomada do empréstimo.

2° Evento
    Após 30 dias, além do valor do empréstimo (R$ 120.000,00) estarei devendo o valor dos juros (11%. 120.000,00 = 13.200,00), ou seja, após 30 dias estarei devendo R$ 133.200,00.

---

* Tenho certeza que você pensou em outro nome. Há agiotas de todas as origens, acredite.

3° Evento

Após 60 dias estarei devendo 133.200,00 + 11% disso, ou seja, 133.200,00 + 14.652,00 = 147.852,00.

4° Evento

Após 90 dias estarei devendo 147.852,00 mais 11% disso 147.852,00 + 16.263,00 = 164.115,00

Comparemos os dois casos:

1° Caso (chamado de juros simples)
Taxa 11% ao mês com pagamento mensal de juros.
Valor total pago = 159.600,00.

2° Caso (chamado de juros compostos)
Taxa de 11% ao mês com pagamento de juros no final de três meses.
Valor total pago = 164.115.

Verifica-se da comparação, que juros não pagos em juros compostos, viram capital, ou seja dívida. Passemos, agora, a vários exemplos para firmar conceitos.

1° Exemplo

Coloco R$ 430.000,00 em um banco que me pagará juros de 3,2% ao mês. Deixo no banco o capital e os juros. No fim de 14 meses quanto terei?

$$F = P (1 + i)^n$$
$$F = 430.000,00 (1 + 0,032)^{14} = 430.000,00 (1,032)^{14} =$$
$$430.000,00 \times 1,554231 = 668.319,00$$

2° Exemplo

Coloco R$ 430.000,00 nas mesmas condições anteriores mas com juros de 4,2%. Quanto terei no final?

$$F = P (1 + i)^n$$
$$F = 430.000,00 (1 + 0,042)^{14} = 430.000,00 \times 1,7788851 = 764.920,00$$

3° Exemplo

Quanto terei de aplicar hoje para daqui a 9 anos ter R$ 470.000,00 a taxa de 14% ao ano?

$$F = P(1+i)^n \cdot P \ (1+0,14)^9 = P \cdot (1,14)^9 P = \frac{470.000,00}{3,2519} = 144.530,00$$

4° Exemplo

Qual a taxa de juros que deverei aplicar para que um capital de R$ 790.000,00 passe a R$ 1.500.000,00 em 6 anos?

$$F = P(1+i)^n$$

$$1.500.000,00 = 790.000,00 \ (1+i)^6$$

$$(1+i)^6 = \frac{1.500.000,00}{790.000,00} = 1,8987$$

$$(1+i)^6 = 1,8987 \qquad 1+i = \sqrt[6]{1,8987} = 1,1128$$

$i = 11,28\%$ ao ano.

5° Exemplo

Qual deve ser o número de anos para que uma aplicação de R$ 440.000,00 se transforme em R$ 620.000,00 a uma taxa de 5% ao ano?

$$F = P(1+i)^n$$

$$620.000,00 = 440.000,00 \cdot (1,05)^n$$

$$1,05^n = \frac{620.000,00}{440.000,00} = 1,4$$

$$1,05^n = 1,4$$

Por tentativas $n = 7$ que é o número de anos.

6º Exemplo
Por que alguns livros mostram que taxa de juros de 12% ao ano não é conceitualmente igual a 1% ao mês?

Resposta
Do ponto de vista conceitual, realmente, são coisas completamente diferentes. Veja, um capital de R$ 100.000,00 aplicado durante doze meses a taxa de juros de 1% mensal, quanto dá?

$$F = P(1+i)^n$$
$$P = 100.000,00;\ n = 12;\ i = 0,01$$
$$F = 100.000,00\ (1 + 0,01)^{12} = 112.683,00$$

Observação:
Se fosse 12% ao ano daria 112.000.
Verifica-se, pois, que dinheiro a 1% ao mês rende mais que a 12% ao ano. Para mostrar com maior clareza que, por exemplo, taxa de juros de 3% ao mês não é 36% ao ano. Veja o cálculo para 3% ao mês:

$$F = 100.000,00\ (1 + 0,03)^{12} = 142.576,00,$$

bem diferente de 136.000,00.

5.3.2. O caso dos índios Sioux

Em regime de inflação, há uma confusão entre juro e correção monetária, e perde-se a sensibilidade da importância do valor da taxa de juros. Assim, não fica clara a terrível diferença de aplicação de um capital com taxa de 3% ou 5% ao ano em períodos longos. Conta-se que a Ilha de Manhatan (Nova York) foi comprada dos índios por uma barra de ouro de valor na época (digamos 1584) de 100.000 dólares. Teria sido um bom negócio ou os índios foram explorados?

Admitamos que esse valor tivesse sido deixado em um banco e verifiquemos os valores que resultariam desse capital para três taxas: 2, 3 e 5% ao ano.
Como a fórmula clássica é:

$$F = P(1+i)^n,$$

calculemos $(1 + i)^n$ para os vários casos:

Cálculo de $(1 + i)^n$ (P = 100.000 dólares)				
i (taxa anual)	1684 $n = 100$	1784 $n = 200$	1884 $n = 300$	1984 $n = 400$
3%	19,2	369	7.098	136.424
4%	50,5	2.550	128.825	6.506.324
5%	131,5	17.292	2.273.996	calculadora explodiu

Veja pelo quadro, que ao final de 400 anos, uma pequena diferença na taxa anual de juros de 3% para 4%, elevou o capital + juros acumulados de US$ 13.642.400.000, para US$ 650.632.000.000, ou seja, resultou cinquenta vezes maior.

Conclusão: Os índios é que exploraram quem comprou suas terras.

5.3.3. Os verdadeiros juros da caderneta de poupança

As cadernetas de poupança creditam aos seus clientes:
- correção monetária e
- juros

A correção monetária é variável de acordo com a inflação. Se a inflação for nula, a correção monetária será nula. A taxa de juros é constante e independente da inflação. Por contrato padrão, válido para grandes e pequenos depositantes, admitindo-se inflação nula, se uma pessoa depositar R$ 100,00 no primeiro dia do ano, exatamente um ano após, ele terá R$ 106,00.

Verifiquemos agora quais as taxas de juros nas duas condições que prevalecem no sistema:
- Pagamento trimestral de juros (até 1983).
- Pagamento mensal de juros (a partir de 1983).
- Volta ao pagamento a cada três meses (Fevereiro 1986).

1ª Situação
Pagamento trimestral de juros

Usaremos a fórmula clássica:

$$F = P (1 + i)^n$$

onde: F – valor final, no nosso caso R$ 106,00

P – Valor inicial, no nosso caso R$ 100,00

n – número de eventos, no nosso caso, quatro trimestres; $n = 4$
i – taxa de juros, no nosso caso, taxa de juros trimestral

Apliquemos então a fórmula:

$$F = P(1 + i)^n$$

então:

$$106 = 100(1 + i)^n = (1 + i)^n = \frac{106}{100} = 1,06$$

$$(1 = i)^4 = 1,06 \qquad 1 + i = 1,01467$$

$i = 1,467\%$ ao trimestre (taxa trimestral de juros)

2ª Situação
Pagamento mensal de juros

$$F = 106; P = 100; n = \text{número de eventos } 12$$
$$i = ?;$$

Qual será a taxa mensal?
Apliquemos a fórmula:

$$F = P(1 + i)^n$$

então:

$$106 = 100(1 + i)^n \qquad (1 + i)^{12} = 1,06$$
$$(1 + i) = 1,00487$$

$i = 0,00487 = 0,487\%$ ao mês (taxa mensal de juros).

Conclusões

1ª Situação
    Taxa de juros 1,467% ao trimestre.
2ª Situação
    Taxa de juros 0,487% ao mês.

Lógico que a taxa trimestral não é três vezes a taxa mensal.

Manual de Primeiros Socorros do Engenheiro e do Arquiteto

Tabelas Práticas

> **Observação**
> - Segundo vários autores, as taxas acima calculadas são chamadas taxas efetivas (no meu modo de ler deviam se chamar de taxas matematicamente corretas).
> Quando, erradamente se multiplica (ou divide) uma taxa efetiva pelo número de eventos, temos a chamada taxa nominal. Assim, um dinheiro colocado a taxa (efetiva) anual de 12% tem uma taxa nominal mensal de 12/12 = 1%. Uma taxa mensal de juros efetiva de 0,5% corresponde a uma taxa nominal de 6% ao ano. Taxa nominal não serve para nada, só complica.

5.4. A misteriosa Tabela Price

Admitamos que João emprestou a Paulo R$ 100.000,00 para pagar esse capital em 5 parcelas mensais e juros de 4% ao mês[*]. Calculemos as prestações (amortizações + juros).

Eventos	Dívida antes da amortização mensal	Amortização do capital	Juros pagos mensalmente	Nova dívida após a amortização	Prestação (amortização do capital + juros)
Instante zero. Paulo pegou o dinheiro.	100.000,00	-	-	100.000,00	-
Após 30 dias	100.000,00	20.000,00	4% · 100.000,00 = 4.000,00	80.000,00	24.000,00
Após 60 dias	80.000,00	20.000,00	4% · 80.000,00 = 3.200,00	60.000,00	23.200,00
Após 90 dias	60.000,00	20.000,00	4% · 60.000,00 = 2.400,00	40.000,00	22.400,00
Após 120 dias	40.000,00	20.000,00	4% · 40.000,00 = 1.600,00	20.000,00	21.600,00
Após 150 dias	20.000,00	20.000,00	4% · 20.000,00 = 800,00	0	20.800,00

Verificamos que o valor da prestação (amortização mais juros) é variável de mês para mês. Por quê? A razão é que fixamos como valor constante a amor-

---
[*] Alguns dizem, juro de 4% ao mês sobre o saldo devedor. Eu nunca digo isso, pois juro é sempre sobre o saldo devedor. Quando se calcula juro de outra forma, alguém sai perdendo. A taxa de 4% ao mês é a taxa efetiva (taxa correta, taxa honesta).

Tabelas Práticas

261

tização e com isso a cada mês a dívida fica menor e então o valor dos juros é calculado sobre um valor variável (decrescente), ou seja, o saldo devedor.

O que fez Mr. Price?

Ele bolou uma maneira que a amortização fosse variável, de tal forma que ela, somada com os juros sobre o saldo devedor[*] do mês, dá um valor constante na prestação. É isso, só isso.

Quando se compra a prestação um eletrodoméstico, um carro, a prestação mensal é constante, é um caso de Tabela Price, ou seja, a amortização é uma porcentagem variável sobre o capital que somado com os juros calculados sobre o saldo devedor ao mês[**] dá um valor constante.

| Período | Tabela Price | | | | | | | |
| | Taxa anual[**] | | | | | | | |
	5%	6%	7%	8%	9%	10%	11%	12%
Ano 1	85,6075	86,0664	86,5267	86,9851	87,4515	87,9182	88,3813	88,8488
Ano 2	43,8714	44,3206	44,7725	45,2237	46,6847	46,1471	46,6076	47,0735
Ano 3	29,9709	30,4219	30,8771	31,3327	31,7997	32,2673	32,7384	33,2143
Ano 4	23,0293	23,4850	23,9462	24,4092	24,8850	25,3647	25,8452	26,3338
Ano 5	18,8709	19,3338	19,7993	20,2725	20,7584	21,2472	21,7420	22,2445
Ano 6	16,1046	16,5729	17,0471	17,5293	18,0255	18,5261	19,0337	19,5502
Ano 7	14,1335	14,6086	15,0909	15,5822	16,0891	16,6012	17,1220	17,6527
Ano 8	12,6596	13,1414	13,6317	14,1326	14,6502	15,1742	15,7080	16,2528
Ano 9	11,5169	12,0057	12,5042	13,0145	13,5429	16,0787	14,6254	15,1842
Ano 10	10,6062	11,1020	11,6087	12,1285	12,6666	13,2151	13,7745	14,3470
Ano 11	9,8645	10,3670	10,8838	11,4155	11,9608	12,5200	13,0924	13,6779
Ano 12	9,2489	9,7585	10,2837	10,8244	11,3803	11,9508	12,5355	13,1342
Ano 13	8,7306	9,2472	9,7806	10,3307	10,8968	11,4785	12,0752	12,6866
Ano 14	8,2887	8,8124	9,3536	9,9131	10,4849	11,0820	11,6905	12,3143
Ano 15	7,9080	8,4386	8,9882	9,5567	10,1427	10,7461	11,3660	12,0017
Ano 16	7,5768	8,1144	8,6719	9,2492	9,8452	10,4590	11,0900	11,7372
Ano 17	7,2866	7,8311	8,3965	8,9825	9,5879	10,2121	10,8538	11,5122
Ano 18	7,0004	7,5820	8,1549	8,7496	9,3644	9,9985	10,6505	11,3193
Ano 19	6,8028	7,3609	7,7529	8,3643	8,9972	9,8126	10,4746	11,1540
Ano 20	6,3996	7,1644	7,9418	8,5450	9,1689	9,6502	10,3217	11,0110

Uso da tabela – divida o valor da dívida por mil e multiplique pelo coeficiente da tabela, isso resultará no valor da prestação mensal.

---

[*] Outra vez, desculpem-me a ênfase sobre o saldo devedor.

[**] A taxa indicada é a nominal. A taxa efetiva (de cálculo de criação da tabela) é a taxa nominal dividida por doze. Assim, quando a tabela mostra taxa anual de 8%, ela está representando na verdade taxa efetiva de 8/12 = 0,666% ao mês.

Se quisermos saber a prestação mensal (amortização mais juros) que salda uma dívida de R$ 350.000,00 em um ano (12 meses) a taxa anual de 12%*, multiplicaremos o valor do capital R$ 350.000,00 pelo coeficiente achado de 88,8488, dividido por mil.

Logo:

$$\frac{350.000,00}{1.000} \cdot 88,8488 = 31.097,00$$

Logo, a prestação mensal é de R$ 31.097,00. É possível saber, dessa prestação, quanto é de amortização e quanto é de juros? Sim, é possível. Veja, no entanto, a Tabela Price de 12% a.a. é na verdade calculado como 1% ao mês.

Destrinchemos, mês a mês, um pagamento de prestação segundo a Tabela de Mr. Price, conhecendo-se em cada prestação o que é pagamento do capital (amortização) e o que são juros. A tabela é com a unidade monetária real.

Tabela Price – R$1,00

Instante (meses)	(1) Juros devidos 1% sobre (4)	(2) Prestação constante	(3) Amortização do saldo devedor	(4) Saldo devedor	Explicações
0	-	-	-	350.000	(1) = 0,01 × (4)
1	3.500	31.097	27.597	322.403	
2	3.224	31.097	27.873	294.530	
3	2.945	31.097	28.152	266.378	(2) = Constante = 31.097
4	2.664	31.097	28.433	237.945	
5	2.379	31.097	28.718	209.227	(3) = (2) – (1)
6	2.092	31.097	29.005	180.222	
7	1.802	31.097	29.295	150.927	(4) = (4) anterior – (3)
8	1.509	31.097	29.588	121.339	
9	1.214	31.097	29.883	91.456	
10	915	31.097	30.182	61.274	Juros 1% ao mês = 12% a.a.
11	613	31.097	30.484	30.790	
12	308	31.097	30.789	-	

---

* Por praxe de mercado, a Tabela Price é dita 12% ao ano (valor nominal) mas calculada a taxa efetiva de 1% ao mês. O raciocínio para 12% ao ano vale para taxas de 5%, 6% ...

Reenfatizemos. Quando na Tabela Price se diz juros de 12% ao ano é a chamada taxa nominal. A taxa efetiva (real, matemática) é 1% ao mês.

> **Notar**
> 1. O que se paga de juros é decrescente mês a mês (ver coluna 1).
> 2. A amortização do saldo devedor é crescente mês a mês (ver coluna 2).
> 3. A prestação mensal (juros + amortização) é constante e em todos os meses (ver coluna 3).

5.5. A tabela dos vivaldinos dos juros embutidos

Quando comprar-se a prestação, seja um eletrodoméstico, seja um carro, é comum se quitar a dívida em prestações mensais iguais. Está claro que no pagamento de cada prestação pagam-se os juros[*] e a amortização do capital. Assim, se eu comprar um carro de preço à vista de R$ 120.000,00 e a tabela de crediário me mostra que eu deverei pagar seis prestações mensais (a 1ª à 30 dias da compra) de R$ 24.400,00, qual a taxa de juro[*] que estou pagando? O rapaz do crediário fará para você o seguinte cálculo (ele está admitindo que você não é esperto ou que não comprou este meu livro):

6 · 24.400,00 = 146.400,00 (seis prestações mensais de 24.400,00)

logo juros são: 146.400,00 − 120.000,00 = 26.400,00.

Se os juros são de 26.400,00, no período, a taxa de juros é

$$\frac{26.400,00}{120.000,00} = 22\%$$

Como eu sou convidado a pagar isso em 6 meses, a taxa de juros é

$$\frac{22\%}{6} = 3,66\% \text{ ao mês.}$$

Engano. Como estou pagando cada mês parte do capital, o raciocínio está errado e é contra você (é lógico). Para saber a taxa de juros real, honesta e verdadeira, você precisará usar a Tabela dos Vivaldinos. Usa-se a tabela pois o cálculo direto daria algum trabalho.

---
* Juro, aqui, entenda-se como: taxa de inflação prevista + juros.

A Tabela dos Vivaldinos é que permite o cálculo dos juros embutidos, é:

Juros mensais	6 meses coeficiente	12 meses coeficiente	18 meses coeficiente	24 meses coeficiente
1	5,79	11,12	16,39	21,24
2	5,60	10,57	14,99	18,91
3	5,41	9,95	13,75	16,93
4	5,24	9,38	12,65	15,24
5	5,07	8,86	11,69	13,79
6	4,91	8,38	10,82	12,55
7	4,76	7,94	10,05	11,46
8	4,62	7,53	9,37	10,52
9	4,48	7,16	8,75	9,70
10	4,35	6,81	8,20	8,98
12	4,11	6,19	7,25	7,78
14	3,89	5,66	6,47	6,84
16	3,69	5,20	5,82	6,07
18	3,50	4,79	5,27	5,45
20	3,33	4,44	4,81	4,94

Para se usar esta tabela, pegue o valor do preço à vista (R$ 120.000,00) e divida pelo valor da prestação (R$ 24.400,00) 120.000,00/24.400,00 = 4,91. Entre com esse valor na coluna dos 6 meses e verá que estará pagando juros de 6% ao mês.

Veja a diferença:
- cálculo da loja, taxa de juros, 3,58% ao mês
- cálculo da tabela, taxa de juros, 6% ao mês

Mas, atenção. Se na compra houver uma entrada (pagamento de parcela à vista), para fazer o cálculo, deduza do valor do preço a vista, o valor da entrada, já que a sua dívida a financiar é menor. Se você não fizer essa dedução você terá prejuízo.

Capítulo 6

CUSTOS

6.1. Estrutura da composição do valor que vai na proposta.
6.2. Condicionantes da proposta.
6.3. Cálculo do item A – materiais.
6.4 Cálculo do item B – mão de obra.
6.5 Cálculo dos itens C e D – equipamentos.
6.6 Cálculo do item E – administração.
6.7 Cálculo do item F – despesas financeiras
6.8 Cálculo do item G – impostos, folgas e extras
6.9 Cálculo do item H – margem de lucro
6.10 Item I – valor que vai na proposta

Vamos contar, confidencialmente, o relato de um famoso empreiteiro[*], de como sua empresa fazia seus orçamentos, ou seja, como chegava ao seu preço de venda. Chamamos essa empreiteira de empresa X.

A história foi a seguinte:

A empresa X recebeu convite para apresentar proposta de execução em preço global para a edificação de um galpão industrial (dimensões de 14,40 × 40,50 m).

Acompanhemos como a empresa X chegou ao valor de sua proposta. Como existe muita confusão com as palavras: custo, preço, valor, custo indireto etc., vamos desenvolver o assunto usando ao mínimo esses confusos chavões.

6.1. Estrutura da composição do valor que vai na proposta

Item	Descrição de cada componente
A	Materiais: cimento, aço, ladrilho, ferragens, metais sanitários, forma, canteiro da obra etc.
B	Mão de obra no canteiro: encarregado, mestres, carpinteiro, armador, eletricista, pintor, servente, vigia etc.
C	Aluguel de equipamentos de terceiros: escavadeira, grua etc.
D	Uso de equipamento próprio: guincho, betoneira etc.
E	Administração: engenheiro de obra, aluguel de escritório, pessoal administrativo, propaganda, material de consumo no escritório etc.
F	Despesas financeiras
G	Impostos, folgas e extras
H	Margem de lucro
I	Valor que vai na proposta

Para os mais inocentes $I = \Sigma: (A - H)$, mas, na prática, a somatória de $A - H$ é tão somente um critério para chegar a I. Depois explicaremos melhor.

---

[*] Esse famoso empreiteiro só concordou em fazer o seu relato se mantivéssemos seu nome em anonimato. Cumprimos o acordo.

6.2. Condicionantes da proposta

A carta convite do cliente endereçada à empresa X indicava as condições do possível futuro contrato.

6.2.1. Projeto

O cliente tinha um projeto arquitetônico completo, projeto estrutural e de fundações e projeto de instalações elétricas, hidráulicas e sanitárias. Esses projetos eram compostos por desenhos construtivos, especificações detalhadas (e rígidas) e listas de materiais. Analisados os documentos do projeto pela empresa X, os mesmos foram considerados bons. Todas as listas de materiais foram revistas tendo-se achado pequenas discrepâncias. Como de hábito, a empresa X preparou algumas listas de materiais complementares que, normalmente, as empresas projetistas não fazem (por exemplo, quantidade de formas).

6.2.2. Forma de contratação

Empreitada de preço global com reajuste de preços.
A minuta do contrato era clara. Empreitada global. Não haverá pagamento de extras. O risco é do empreiteiro[*]. A cláusula de reajuste monetário dos pagamentos era adequada.

6.2.3. Forma de pagamento

Pagamentos mensais de acordo com o avanço da obra.
Face a essa condição, a empresa X poderia coordenar o pagamento de fornecedores de acordo com o ritmo de recebimento das faturas, não sendo, em princípio, necessário prever desembolsos próprios ou empréstimos bancários.

6.3. Cálculo do item A — materiais

A empresa X ao preparar o item A, levou em consideração:
- As listas de materiais revistas e complementadas pelo seu Departamento de Orçamentos.
- Preços unitários existentes nos arquivos da empresa e com base nos últimos fornecimentos para outras obras.

---

[*] Não acredite. Se durante uma obra for achado um local de valor arqueológico, a obra tem de parar e o proprietário tem que pagar a construtora. Há custos que são inerentes à quem é dono do empreendimento.

Também levou em conta alguns preços obtidos em revistas de custos, mas sabendo que os mesmos podem se abaixados de 10 a 15% com uma boa negociação e com base numa adequada forma de pagamento.

Claro que nos preços unitários adotados foram considerados inclusos os impostos (IPI, ICM) e o transporte até o local da obra.

O cálculo do item A foi feito para todos os itens de materiais. Por facilidade de explanação vamos nos limitar a indicar o cálculo do (item A) só para cinco itens: concreto, aço, formas, telhas de cobertura e estrutura metálica. Assim:

Material	Quantidade	Unidade	Preço unitário de compra	Total
Concreto de usina				
Aço				
Formas				
Telhas				
Estrutura metálica				
			Total do item A	

Observação
- Não esquecer de incluir no item A, despesas com canteiro de obra, gasto com eletricidade e água durante a obra. Embora essas despesas não sejam de materiais, podem ser alocadas nesse item A.

6.4. Cálculo de item B – mão de obra

Aparentemente, o correto do cálculo do item B, seria verificar o total do esforço humano (homem · hora por categoria) dos empregados da empresa, calcular seu custo salarial/hora e leis sociais atinentes e fazer o cálculo por aí. Se assim fosse, o cálculo seria feito pela tabela a seguir:

Categoria	Salário carteira	Salário/ hora (1)	Leis sociais (110 a 120%) (2)	Total H · H (3)	Total (4)
Mestre					
Encarregados					
Pedreiros					
Carpinteiros					
Armadores					
Serventes					
Eletricistas					
Encanadores					
Vigia					

Custos

269

1. O salário hora é o salário da carteira dividido por 240 que é o número legal de horas por mês.
2. O acréscimo de leis sociais varia de 100 a 120%.
4. O total (4) é o produto do total de H. H multiplicado pelo salário-hora acrescido das leis sociais.

A forma exposta até aqui, que pressupõe que todos os trabalhadores da obra são empregados registrados na empresa X, não é o melhor caminho para baratear os custos da empreiteira.

Mostra a experiência que, para ganhar eficiência e produtividade (ou seja, reduzir custos), o mais correto é, nessa época de proposta, chamar para cotar preço, miniempreiteiras (miniempresas) que fornecerão (subempreitada) mão de obra para:
- concreto (formas, armação, colocação de concreto)
- alvenaria
- ladrilharia
- instalações prediais de água, esgoto, eletricidade, telefone, ar condicionado etc.)
- pintura[*]
- etc.

Esse procedimento de subcontratar partes da obra tem as vantagens de:
- Cada dono da miniempresa fica na obra o tempo todo, agilizando e otimizando os custos dos seus serviços.
- Cada miniempreiteiro tem profissionais especializados que produzem com qualidade e economia de tempo seus trabalhos.

A empresa X, empreiteira geral, manterá então na obra, do seu quadro de empregados, tão somente:
- mestre e contramestres
- encarregado
- almoxarife
- guarda
- "amarra-cachorro" (pau para toda obra)

Acredito que todos saibam o que faz cada um desses profissionais, com exceção do amarra-cachorro. O amarra-cachorro é um velho profissional que faz de tudo: substitue o guarda quando este falta, dá recados e faz pequenos serviços não especializados.

O amarra-cachorro dá muito dinamismo à obra. Regra geral, sua fidelidade é mais para o engenheiro da obra do que à própria empresa. É um secretário faz-tudo.

---

[*] Não tem cabimento uma construtora, num momento sem nada a pintar, pagar o salário a pintores.

Uma exigência a se fazer quanto ao emprego das empresas miniempreiteiras é que registrem seus empregados. O registro, além de um dever social, é o seguro social mais barato que existe. Tão barato é esse seguro social que prova maior não existe do que estar o INSS na rua da amargura financeira. Falei?

Destaque-se que acidentes em operários na obra, se os mesmos não foram registrados, respondem solidariamente:

- a mini empreiteira
- a empresa X
- o dono da obra

Não deixe ninguém trabalhar sem registro. Exija os comprovantes mensais de que os seus subempreiteiros pagaram as contribuições previdenciárias dos funcionários de suas empresas.

O cálculo do item B assim, é feito pela soma de custos do pessoal da obra da empresa X e dos valores a pagar às miniempreiteiras.

6.5. Cálculo dos itens C e D – equipamentos

Os equipamentos a serem usados na obra (guinchos, betoneiras, escavadeiras etc.) são calculados nesta fase de orçamentos pelo preço do aluguel[*] de mercado, seja o equipamento efetivamente alugado, seja ele patrimônio da empresa X.

A razão de se orçar a preço de aluguel o uso de equipamentos próprios ou de terceiros se deve à:

- Os custos de manutenção e operação dos equipamentos tem que ser pagos por alguém, e então esse alguém é um só, a construtora.
- Os custos de manutenção e operação de um equipamento são significativos em relação ao custo de amortização dos mesmos.

O fato de um equipamento da empresa X estar ou não pago, estar ou não depreciado contabilmente, não é levado em consideração. Se ele já está pago, esse aluguel representará um lucro adicional à empresa X.

Equipamentos	Aluguel mensal	Previsão de uso	Total
Escavadeira			
Guindaste			
Compressor			
Total C + D			

---

[*] O preço de aluguel do mercado sofre várias injunções, podendo ser até inferior ao custo de manutenção, operação e reposição. Aqui, entende-se que o aluguel seja, no mínimo, suficiente para cobrir esses custos.

6.6. Cálculo do item E – administração

O item E cobre:
- Aluguel da sede da empresa (mesmo que seja sede própria).
- Pessoal administrativo (contador, chefe de pessoal, escriturários, orçamentistas, comprador etc.).
- Engenheiro da obra. Note-se que o engenheiro aparece aqui e não no item B. É a praxe na área de engenharia de construção.
- Outras despesas: telefone, material de escritório, propaganda, ferramentas de trabalho etc.
- Pessoal parado etc.

Não existem critérios matemáticos para se estimar o item E. Normalmente este é calculado como um percentual de somatória (A + B + C + D), variando entre 10 e 20%.

6.7. Cálculo do item F – despesas financeiras

A despesa financeira corresponde ao pagamento a terceiros antes de receber do cliente.

Se a empresa X tem capital de giro para bancar essa diferença, ela está perdendo a oportunidade de aplicar seu capital próprio em outras aplicações, ou seja, ela tem um prejuízo financeiro.

Se a empresa X não tem capital de giro para bancar, então cai nas malhas de um banco. Pobre dela.

Se o cliente pagar aproximadamente de acordo com a saída de dinheiro, então não ocorrerão despesas financeiras. Se por uma sorte, consegue-se que o cliente pague antes do desembolso a terceiros, temos uma receita financeira (receita não operacional da empresa X).

Em períodos altamente inflacionários, este item F tem uma importância capital.

No caso, admitiremos como nulo o item F, ou seja, o cliente pagará em parcelas de forma a serem quitados os compromissos com terceiros.

Destaque-se um cuidado no critério de pagamentos:
- A primeira coisa que se paga é a folha de pagamentos de seus próprios empregados.
- Pague também com pontualidade aos miniempreiteiros, pois eles não tem fôlego. Pagamentos efetuados com atraso a estes significam atraso no pagamento de mão de obra. A obra para.
- Caso seja necessário atrasar algum pagamento, devido ao não recebimento por parte do dono da obra, adie o pagamento aos fornecedores de materiais. Essa é a regra do mercado.

6.8. Cálculo do item G – impostos, folgas e extras

6.8.1. Impostos

Ao preparar o seu orçamento no seu item G, a empresa X sabe que terá ainda as seguintes despesas:

- Imposto sobre Serviços. Embora seja chamada de indústria, a construção civil é considerada como prestadora de serviço ao dono da obra. A empresa X não pagará, portanto, sobre seus serviços: Imposto de Circulação de Mercadorias, (ICM) e Imposto sobre Produtos Industrializados (IPI). Claro está que quando a empresa X compra material, no preço deste, ela paga ICM e IPI, que é, na prática, repassado ao dono da obra.

O cálculo do Imposto de Renda da empresa não entra em consideração neste item G.

6.8.2. Folgas

Como no nosso caso, o contrato é por empreitada global, riscos de serviço a mais, são por conta da empresa X. Esta, com base na sua experiência, deverá prever soluções para esses problemas. São exemplos de problemas:

- chuvas
- perda de eficiência de mão de obra (ociosidade) por atraso de chegada de material
- erro na obra
- problemas nas fundações
- quebra de materiais
- compra errada de materiais
- roubo na obra etc.

6.8.3. Extras

Extras são extras. Falei? (acho que não falei).

A experiência da empresa X indicou como sendo de 10 a 20% calculado sobre (A + B + C + O) o valor arbitrado para o item G.

6.9. Cálculo do item H – margem de lucro

Não confundamos lucro com margem de lucro. Margem de lucro é uma previsão de folga, uma estimativa do que sobrará para a empresa X no fim do empreendimento. Lucro é o que efetivamente sobra.

Admitiremos como margem de lucro o percentual de 10% sobre o total de (A + B + C + O).

Observe-se que muitas empreiteiras reúnem num só bolo os itens E, F, G, H, e calculando essa soma como um valor variável de 30 a 40% do total dos itens A + B + C + O. O bolo E + F + G + H é chamado de BDI – Benefícios e Despesas Indiretas da empresa X.

6.10. Item I – valor que vai na proposta

No início deste trabalho dissemos que I não é a soma dos itens A + B + C + D + E + F + G + H.

Essa somatória dá uma pista, dá uma ideia do valor I. O valor I será escolhido e fixado levando em conta:

- Risco do empreendimento.
- Folgas e gorduras que o orçamento até aqui considerou.
- Situação do cliente. Se ele tiver pressa e estiver desesperado, salga-se o preço. Se o cliente tiver condições de negociar, pode-se abaixar).
- Situação do mercado. Se o mercado tiver bastante trabalho, salga-se. Se o mercado estiver em crise (falta de serviço) enxuga-se o preço.
- Situação da empresa X. Se estiver com vários serviços em carteira, salga-se o preço. Se estiver a ver navios, enxuga-se o preço.
- Sensibilidade, já que construir é técnica e arte. Os números orientam, mas não decidem.

Mas, afinal, qual foi o preço da empresa X para essa empreitada?

Meu caro leitor, você acha isso importante? O importante foi ensinar o caminho das pedras. O preço final, na sua construtora, você terá que dar. Você, só você. E toda a decisão é uma opção solitária, angustiosamente solitária.

Falei?

P.S. Faltaria falar do Imposto de Renda.

Este é calculado pelo resultado operacional da empresa e não pelo resultado de uma obra. Uma obra pode dar lucro e a empresa dar prejuízo. Pelo andamento geral da empresa é que saberemos quanto de lucro é que teremos que repartir com o Imposto de Renda.

Veja-se o Diagrama de Blocos a seguir.

Custos

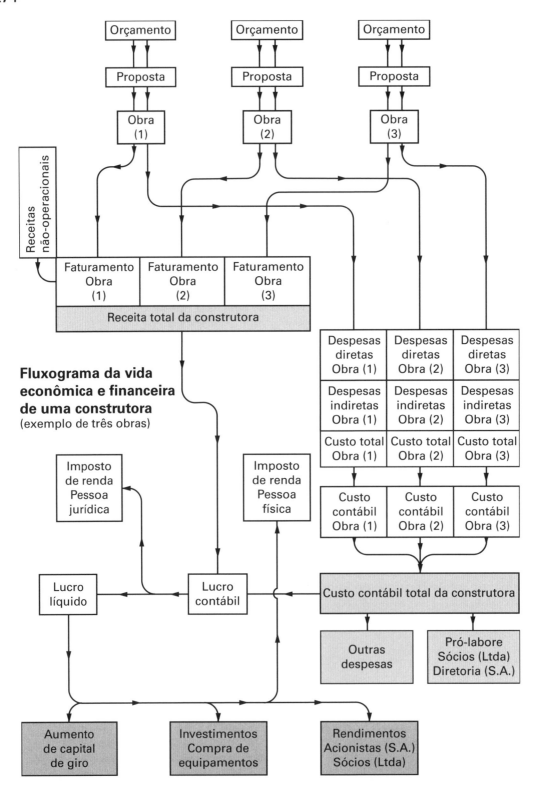

Olhadas

1. Olho econômico da engenharia de obras
   - Olha o faturamento de cada obra.
   - Examina com atenção os custos diretos.
   - Persegue os custos indiretos, pois fogem de seu controle (quase todos).

2. Olho do imposto de renda
   - Olha o faturamento global
   - Compara com os custos contábeis

3. Olho do dono
   - Olha tudo, tim-tim por tim-tim.

Observações finais

- O roteiro aqui descrito é o roteiro lógico e conceitualmente correto. Todavia para ganhar tempo na preparação dos orçamentos (lembremos que de cada dez propostas orçadas, um empreiteiro, em geral, só pega uma obra), os empreiteiros já tem montados os chamados preços unitários de custos para vários trabalhos comuns e repetitivos que se tem numa obra (escavação, concreto colocado nas formas, formas prontas, ferragem colocada nas formas, alvenaria, ladrilharia, etc. etc.) Nesses preços unitários de custos que são preços unitários compostos, entram:
  - material (item A)
  - mão de obra (item B)
  - equipamentos (item C e D)

- Conhecidos os quantitativos de serviços, basta, então, multiplicar esses quantitativos pelos preços unitários de custos e sobre esse produto aplicar o BDI (E + F + G + H) que varia, como já visto, entre 30 a 40%. É uma forma mais expedita de chegar próximo ao valor I.

Capítulo 7

ASSUNTOS GERAIS

7.1. Inspeção e diligenciamento de equipamentos.
7.2. Sistemas hidropneumáticos.

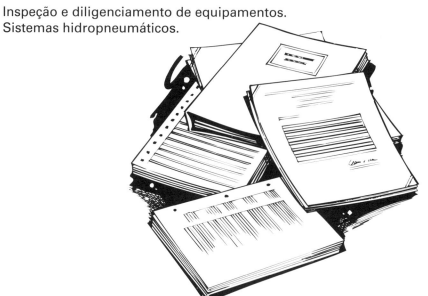

7.1. Inspeção e diligenciamento de equipamentos

Existem dois tipos de equipamentos a comprar quando se vai fazer um empreendimento de médio ou grande porte (hotel, hospital, supermercados etc.). Existem os equipamentos de linha normal de produção como motores, bombas, aparelhos de ar condicionado que tem sua produção direta e quase que independentes de solicitações específicas. São regra geral equipamentos de menor porte; e existem equipamentos feitos sob encomenda como elevadores, pontes rolantes, centrais de controle de motores e centrais frigoríficas que são fabricados sob encomenda e dirigidos para um cliente específico. Assim, um elevador só começa a ser fabricado depois de vendido e depois de fixado o tipo, número de passageiros, número de andares, detalhes de acabamento interno etc.

Para os equipamentos de fabricação feitos sob encomenda, face a seu porte e importância, cabe ao comprador fazer a inspeção da fabricação para verificar se:

1. O equipamento está sendo fabricado de acordo com as especificações atualizadas de compra?
2. Como está o cronograma de fabricação?
3. No caso de uso de materiais especiais esse material foi comprado e testado?
4. No caso de fabricantes não famosos, eles estão usando as chapas de aço especificadas? Às vezes, o inspetor do cliente atesta a qualidade da chapa colocando à percussão uma marca para evitar o uso de chapas fora da especificação;
5. O fabricante entregou os desenhos de fabricação para verificação de pesos e dimensões de acesso ao prédio?
6. As pinturas especificadas estão sendo usadas?
7. O fabricante forneceu dados dos chumbadores dos equipamentos para que o pessoal do projeto estrutural do prédio preveja nas plantas de forma a sua existência, condições de fixação e dimensões?
8. No caso de bombas de alta capacidade, por exemplo, foi feito teste inspecionado de vazão e de consumo de potência elétrica?
9. As condições de embalagem dos equipamentos são corretas?
10. Se o equipamento for muito pesado, qual o plano de transporte verificando capacidade de pontes rodoviárias a usar, e se o equipamento for de grande altura foi verificado o gabarito das pontes a usar para evitar impossibilidades físicas?
11. Se o equipamento for de grande vulto, foram requeridas as licenças das autoridades rodoviárias para seu transporte, tendo em vista dia e hora de menor uso das estradas?
12. Foram fornecidos os manuais de montagem e de uso?
13. Foram embarcadas as peças sobressalentes do equipamento?

Manual de Primeiros Socorros do Engenheiro e do Arquiteto

Assuntos gerais

Todos esses cuidados chamam-se inspeção e diligenciamento de equipamentos.

Em grandes e médios empreendimentos essa lista de atividades pode ser considerada como atividade mínima de acompanhamento e controle; outros cuidados podem ser necessários. Somente como curiosidade, ao comprar um elevador industrial, seu acesso ao prédio seria por uma rampa e o projetista da rampa entendia (?) que o equipamento viria desmontado em partes de muito pequeno peso, mas nada disso aconteceu. O equipamento veio em partes ainda pesadas e a rampa não suportaria a passagem do peso de uma das partes do elevador. Assim, com o elevador já entregue na obra, ele só pôde ser levado ao andar superior do prédio depois da rampa ter sido reforçada. Com tudo isso aconteceram atrasos nas obras civis e de montagem.

Problemas de dificuldade de acesso ao prédio por não se ter deixado espaços livres são extremamente comuns, por incrível que pareça.

Assim, as atividades de inspeção e diligenciamento são fundamentais em empreendimentos de médio porte (hospitais, hotéis, supermercados) e grande porte.

Equipamentos de linha de fabricação, sempre de menor porte, exigem muito menos cuidados de inspeção e diligenciamento, mas em compensação, pelo seu grande número, exigem cuidados de recepção, armazenamento, cadastramento, identificação e controle contra roubos.

7.1.1. Níveis de Inspeção

De uma conceituada empresa de projetos e consultoria em projetos industriais, transcrevemos sua folha de inspeção em função dos níveis adotados. Cabe ao cliente definir durante o processo de compra o tipo de inspeção que adotará. O uso de inspeções mais sofisticadas oneram o preço de compra do equipamento mas garantem melhores produtos. O texto refere-se à aquisição de conjunto motor-bomba hidráulica.

7.1.1.1. Inspeção classe A

Consiste de: inspeção de recebimento sem testemunho de testes compreendendo exame de certificados, controle visual e dimensional e verificação de embalagem.

7.1.1.2. Inspeção classe B

Consiste de: inspeção de recebimento com testemunho de testes, compreendendo conforme aplicável, exame de certificados de matéria prima e qualificações de soldagem, testes mecânicos, testes hidrostáticos, testes de aferição, testes eletrostáticos, testes de funcionamento e de desempenho, testes não destrutivos, controle visual, dimensional, de pintura e identificação e verificação de embalagem.

7.1.1.3. Inspeção classe C

Consiste de: inspeção de acompanhamento parcial de fabricação compreendendo, conforme aplicável, exames de certificados de matéria prima e qualificações de soldagem, contratestes de verificações de matéria prima, acompanhamento de qualificações de soldagem, verificação de tratamento térmico, testes não destrutivos, inspeções de usinagem e montagem intermediária e final, testes de funcionamento intermediários e no final, testes hidrostáticos, testes elétricos, balanceamento, controle visual, dimensional, de pintura e identificação e verificação de embalagem.

7.1.1.4. Inspeção classe D

Consiste de: inspeção de acompanhamento integral de fabricação, com os mesmos exames, testes e controles mencionados na inspeção classe C.

Notas

- Os representantes do comprador ou quem ele indicar deverão ter durante o período de fabricação dentro do horário normal de trabalho, livre acesso a todos os departamentos e seções da fábrica onde serão executadas as atividades de projeto e de fabricação.
- O fabricante deverá anexar a sua proposta o cronograma previsto para o fornecimento, contendo no mínimo informações sobre os seguintes estágios:
  - projeto e desenhos de fabricação
  - desenhos de embutidos (ancoragem) e especificações dessa ancoragem
  - aprovisionamento (guarda) de matéria-prima e subfornecimentos
  - etapas de fabricação
  - montagem
  - inspeções e testes de fábrica
  - embalagem
  - embarque
  - montagem e testes de obra se aplicável
  - peças de consumo e desgaste para o primeiro ano de funcionamento
  - lista de peças sobressalentes
  - desenhos de montagem
  - manual de uso e de manutenção
  - garantia

7.2. Sistemas hidropneumáticos

Colaboração do Eng. Hércules Bifano

Os sistemas pneumáticos-hidráulicos utilizam ar comprimido que, através de válvulas, comandam a abertura de válvulas de acionamentos hidráulicos atuam diretamente confinados em vasos de pressão (tanques), impulsionando o fluido sob pressão para a tubulação, ou diretamente acionando um êmbolo (pistão) dentro de um cilindro para movimentar um eixo para a frente e para trás.

As aplicações são inúmeras: nas instalações industriais, instalações navais, aeronáuticas, automobilísticas etc.

Principais componentes:

Compressores de ar

Os compressores de ar utilizados, em geral são do tipo êmbolo dentro de um cilindro, acoplado a um sistema biela-manivela, acionado por motor elétrico, motor de combustão interna (diesel ou gasolina) ou motor de combustão externa (vapor).

A função do compressor é aspirar o ar atmosférico, a pressão atmosférica e elevar essa pressão pela compressão do êmbolo dentro do cilindro, para a pressão desejada, em geral de 7,0 bar $(kg/cm^2)^*$.

Há casos de necessidade de pressões mais elevadas, sendo que é utilizado um 2º estágio de compressão podendo chegar a 30,0 bar (kg/cm^2). Na entrada dos compressores, em geral, existe um filtro de ar para que o ar entre limpo de poeira ou resíduos sólidos.

O funcionamento do compressor assemelha-se a um motor de combustão interna, sem a combustão. Na linha de saída do compressor existe uma válvula de retenção para impedir que o ar comprimido retorne do reservatório (ampola) para o compressor, impedindo sua partida, face a motores elétricos não partirem em carga; para tanto existe uma válvula de alívio de pressão, que quando se liga o compressor, automaticamente alivia a pressão dentro da tubulação entre o cilindro e a válvula de retenção.

Reservatório de ar comprimido (ampola)

Em geral, nas instalações industriais é do tipo vertical em aço dobrado e soldado com as tampas de aço; como todo vaso de pressão, possui um manômetro e uma válvula de segurança calibrada para pressão de trabalho, em geral 7,0 bar, aliviando a pressão do ar assim que a atinge.

O vaso de pressão é testado com pressão em geral de 1,5 vezes a pressão de trabalho.

---

* 1 bar = 1 atm = 1,033 kg/cm²

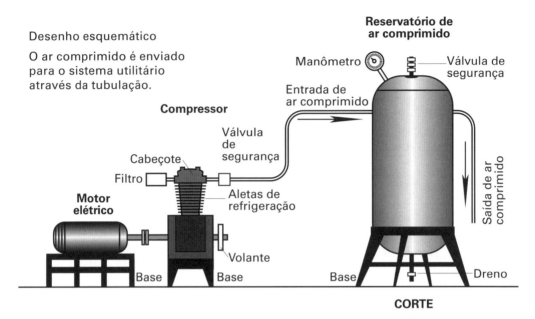

Sistema de controle de pressão

Através de válvulas pressostáticas, toda vez que a pressão do reservatório cair para uma pressão pré-estipulada em projeto, a válvula comanda o acionamento do motor elétrico (se for o caso) que aciona o compressor voltando a reencher de ar o reservatório até a pressão de trabalho.

Unidades de pressão

$$\boxed{1 \text{ bar} = 1 \text{ atm} = 1{,}033 \text{ kg/cm}^2 = 760 \text{ mm Hg}}$$

Volume

$$\boxed{1 \text{ L} = 1 \text{ dm}^3 = 1.000 \text{ cm}^3 = 0{,}001 \text{ m}^3}$$

onde L = litros
    dm^3 = decímetro cúbico
    cm^3 = centímetro cúbico
    m^3 = metro cúbico

Funcionamento

Os sistemas pneumáticos-hidráulicos seguem a lei de Boyle-Mariotte, em que:

$$\boxed{p_1\ V_1 = p_2\ V_2 = \text{ constante}}$$

Sendo: p_1 = pressão inicial do ar em bar
V_1 = volume inicial do ar em bar
p_2 = pressão final do ar em bar
V_2 = volume final do ar em bar

No reservatório a diminuição da pressão P_2 tem como consequência o aumento do volume V_2, permanecendo seu produto constante.

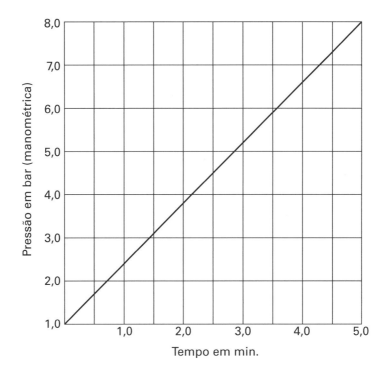

Curva de compressão

É a curva característica do sistema compressor reservatório. Cada marca de compressor tem uma curva própria; tem a função de mostrar em quantos minutos o reservatório fica cheio da pressão P_1 à pressão P_2 e serve de base para o projeto e operação do sistema.

Utilizadores

1. Sistema de automação industrial
   Os sistemas pneumático-hidráulicos servem para acionamento dos comandos dos fluxos de água e acionamento de eixos para frente e para trás. Valem também para outros tipos de fluidos, como óleos: produtos químicos líquidos etc.

No projeto do sistema existe um diagrama para seleção da(s) válvula(s) que permite o desenho do sistema necessário.

Diagrama de componentes, exemplo:

External Pneumatic Pilot by Release of	External Hydraulic Pilot	Position Feedback Switch (Normaly)	Roller	Push Button	Push Button with Detent (2 pos)
External Pneumatic Pilot by Mechanical	Internal Hydraulic Pilot	Position Feedback Switch (Normaly)	Roller (1 way)	Pull Button	Lever with detent (2 pos)
Pneumatic Counter	Internal Hydraulic Pilot	Solenoid	Roller (2 way)	Push Button with Spring Return	Lever without detent (2 pos)
Timer pilot	Internal Hydraulic Pilot	Solenoid	Spring Return	Lever	

Desenho esquemático (exemplo)

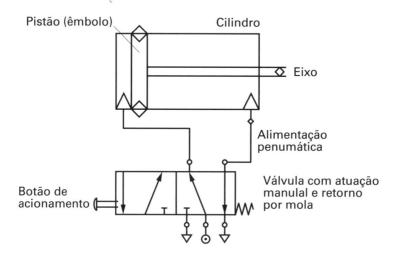

2. Sistema de tanque hidropneumático

É um reservatório de acumulação hermético no qual um colchão de ar sob pressão mantém a água também sob pressão. É utilizado quando se deseja manter sempre cheio um reservatório superior em que o abastecimento é intermitente.

Dessa forma, nas horas em que não há abastecimento, funciona o tanque hidropneumático. Sua utilização mais comum é nos processos industriais, no acionamento de comportas nas estações de tratamento de água e também nos locais onde a água não tem pressão funcionando no abastecimento interno ascendente.

Tanque hidropneumático (exemplo)

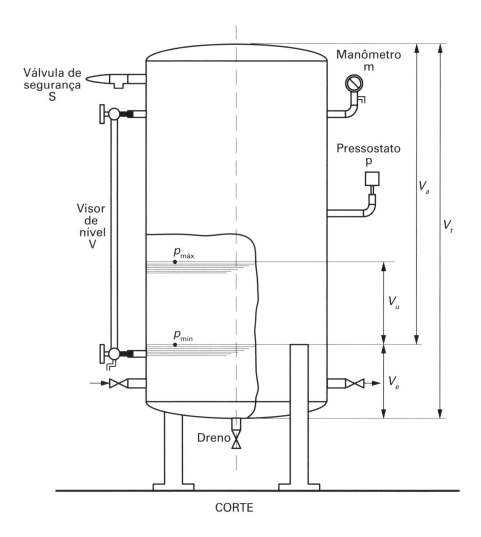

CORTE

Curva da bomba de alimentação do tanque (exemplo)

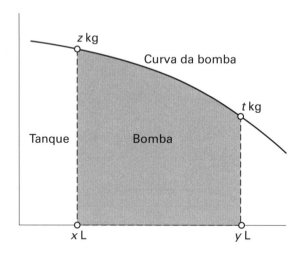

Fórmulas para cálculo (exemplo)

Pela Lei de *Boyle* e *Mariotte*, temos
$$(p_{máx} + 1)(V_a - V_\mu) = (p_{mín} + 1) V_a$$
onde: $V_a = 0{,}8\ V_t$ (ver observação).

Observação
- Como dado prático, considera-se o V_a (volume ativo) como 80% do V_T (volume total).

Então:
$$V_m = \frac{0{,}8\ V_t(p_{máx} - p_{mín})}{p_{máx} + 1}$$

$$V_t = \frac{V_m(p_{máx} + 1)}{0{,}8(p_{máx} - p_{mín})}$$

sendo: V_e = volume estático, não participa;
V_μ = volume útil, quantidade de água responsável pela ligação e desligamento do grupo;
V_a = volume ativo, quantidade de água que se movimenta no reservatório;
V_t = volume total, capacidade total do reservatório;
$p_{máx}$ = pressão máxima; pressão de desligamento;
$p_{mín}$ = pressão mínima; pressão de ligação;
Q = vazão em m³/h (metros cúbicos por hora); para V_t (volume total) do reservatório.

A tabela abaixo fornece a interligação entre as grandezas.

Relação entre V_μ e V_t para diferentes valores da pressão de ligação (partida) $p_{mín}$ e para pressão de desligamento (parada) $p_{máx}$

Parada de pressão (atm)	Pressão de partida (atm)						
	1,0	1,5	2,0	2,5	3,0	3,54	4,0
2	0,27	0,13					
3	0,40	0,30	0,20	0,10			
4		0,40	0,32	0,24	0,16	0,08	
5			0,40	0,33	0,26	0,20	0,13
6				0,40	0,34	0,29	0,23

O ábaco abaixo fornece a relação entre Q (vazão em m^3/h) e o V_t (volume total) do reservatório.

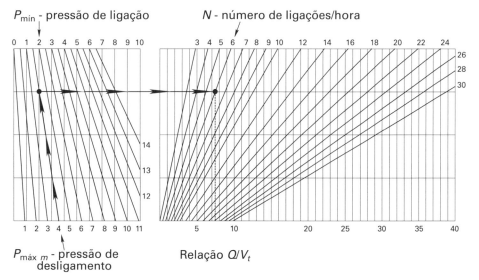

Referência: Instalações Prediais Helio Creder, pg 92.

Onde: Consumo diário = 30.000 L (Litros);
Vazão horária = 7,5 m^3/h (metros cúbicos por hora), 25% do consumo diário;
$p_{máx}$ = 4 atm (atmosferas), pressão de parada (desligamento);
$p_{mín}$ = 2 atm (atmosferas), pressão de partida (ligação);
Número de ligações por hora = 6.

Pelo ábaco temos:

$$\frac{Q}{V_t} = 7,5 \quad \therefore \quad V_t = \frac{7,5}{7,5} = 1 \text{ m}^3$$

$$V_m = \frac{0,8 \times 1(4-2)}{4+1} = 0,32/\text{m}^3$$

que coincide com o valor da tabela anterior.

Dimensões do reservatório

Fixando a altura em 2 m, teremos o diâmetro:

$$d = \sqrt{\frac{4V}{3,14 \times h}} = \sqrt{\frac{4 \times 1}{6,28}} = 0,80 \text{ m}$$

A altura do V_μ (volume útil), será:

$$h = \frac{4 \times 0,32}{3,14 \times 0,64} = 0,64 \text{ m}$$

portanto:

$$\boxed{d = 0,80 \text{ m} \qquad e \qquad h = 0,64 \text{ m}}$$

Suporte técnico (softwares) para projetos

- Software AutoCAD da Autodesk;
- Software Mechanical da Autodesk;
- Software E-Plant da Multiplus;
- Software SAP da Multiplus;
- Software Automation Studio 5.0 da Famic;

Referências Bibliográficas

Publicação da Secretaria dos Serviços e Obras Públicas de São Paulo, n. 59 de 9/1965 do Eng. Paulo de Paiva Castro.
Publicação M33-Automação naval da escola Náutica Infante D. Henrique, departamento de máquinas marítimas de 2007/2008 do Prof. Luis Filipe Baptista.

Observação

- Embora as unidades oficiais sejam as do sistema internacional – SI, utilizamos as mais antigas como do sistema técnico que, na prática, ainda são utilizadas.

Capítulo 8

PRODUÇÃO

8.1. A mesa da secretária.
8.2. Atendimento telefônico.
8.3. Tratamento a quem visita o escritório ou entra em contato por telefone.
8.4. Nunca use a expressão Engenheiro João quando quem ligou foi o Arquiteto João ou vice-versa.
8.5. Toda correspondência recebida deve ser arquivada por ordem.
8.6. Regra de segurança – cópia de arquivo de computador.
8.7. Numere seus e-mails por tipo de trabalho (contrato, obra).
8.8. Data em documentos.
8.9 Use sempre documentos com tamanho indicado pela ABNT.
8.10. Use sempre e exclusivamente os símbolos de unidades oficiais.
8.11. Quando fizer perguntas não induza a resposta.
8.12. Ficha de informações.
8.13. Instruções para viagem.
8.14. Feiras de negócios ou congressos.
8.15. Repita seu telefone todas as vezes que telefonar (regra de ouro).
8.16. Lista de e-mails – duas vezes por ano.
8.17. Ajuda na localização de um endereço.

Todo arquiteto ou engenheiro para crescer profissionalmente precisa ter auxiliares que os auxiliem e que muitas vezes são muito importantes e imprescindíveis.

A figura da secretária representa um desses exemplos e presta um auxílio muito importante, porém outros profissionais também podem ajudar, desde que sejam treinados.

Listarei diretrizes muito úteis que, no passado, adotei com sucesso e, quando não adotei, sofri muito por falta delas.

8.1. A mesa da secretária

É proibido, sob pena de demissão sumária, ter ou mesmo gostar de ter os famosos papeizinhos para anotações. Não admita o vício de anotações em papeizinhos e exija que sejam feitas em uma agenda onde todos os telefonemas e recados devem ser registrados no dia da ocorrência. Não aceite complementações verbais. Do contrário, o menos importante será anotado e o mais importante não será (será que será?)... provavelmente, comunicado.

A mesa da secretária deve ter apenas uma gaveta rasa e sem chaves. A sua gaveta não deve ser utilizada para guardar coisas particulares.

8.2. Atendimento telefônico

Em qualquer atendimento telefônico, obrigatoriamente, deve ser anotado o telefone de quem liga. Se a pessoa disser (e isso é muito comum) que quem está ligando é o Pedro e que o engenheiro/arquiteto tem o seu telefone, a secretária deve responder num texto padrão:

– meu chefe tem seis amigos chamados de Pedro e um mora no Estado de Roraima. Por favor, deixe o seu número de telefone, pois estamos reformulando nosso arquivo e teremos dificuldade em localizar o seu telefone. Qual é mesmo o seu telefone?

8.3. Tratamento a quem visita o escritório ou entra em contato por telefone

Toda a pessoa, mas toda mesmo, que telefonar ou visitar o escritório deve ser tratada como "senhor" ou "senhora" e nunca por "você", "querida", "querido", ou qualquer outro tratamento informal.

E se quem ligou (João) é pessoa extremamente conhecida e jovem, o tratamento mínimo continua sendo "senhor João". No caso de professor o tratamento é "Professor João" e, para casos especiais, "Dr. João".

8.4. Nunca use a expressão Engenheiro João quando quem ligou foi o Arquiteto João ou vice-versa

Sem comentários adicionais. Precisa?

8.5. Toda correspondência recebida deve ser arquivada por ordem

Toda correspondência recebida deve ser arquivada por ordem cronológica na pasta de correspondências suspensa, no máximo 18 minutos depois de ter sido recebida. Correspondência colocada na pasta suspensa jamais se perde.

E-mails importantes devem ter cópia em papel que deverá ser arquivada na pasta suspensa.

8.6. Regra de segurança – cópia de arquivo do computador

No mínimo uma vez por semana, por exemplo, nas quinta-feiras às 16 h e 31 minutos faça cópia de seus novos arquivos que chegaram nesta semana no computador. Se deixar para sexta-feira, no final do expediente, você ou sua secretária, não o farão, deixando para segunda-feira e não o farão novamente, restando um *backup* perigosamente desatualizado.

As cópias de segurança podem ser feitas em CD ou DVD regraváveis. Atualmente os *pen drive* tem sido muito utilizados para *backup* e transporte de arquivos. Guarde suas cópias de segurança do material do computador em sua casa, que deve estar distante da sala do computador no mínimo 183 m. Se o computador está na sua casa (local de trabalho) guarde em outra residência.

8.7. Numere seus e-mails por tipo de trabalho (contrato, obra)

A grande vantagem de numerar sequencialmente seus e-mails por tipo de trabalho, é que se o seu cliente ou a obra recebeu o e-mail 14 e tinha até o e-mail 12, está faltando o e-mail 13. Percebeu a vantagem?

8.8. Data em documentos

Instrua sua secretária. Todo documento deve ter data e colocada na primeira linha da primeira folha. Todavia, se o documento não for importante e vai ser jogado fora daqui a cinco minutos, **ainda assim ponha data nele.** *Regra sagrada n. 1 do saudoso Eng. Max Lothar Hess.*

8.9. Use sempre documentos com tamanho indicado pela ABNT

Instrua sua secretária a redigir cartas, ofícios e relatórios no tamanho A4 (210 × 297 mm). *Regra sagrada n. 2 do Eng. Max Lothar Hess.*

8.10. Use sempre e exclusivamente os símbolos de unidades oficiais

Assim:

m → metro

km → quilômetro

s → segundo

min→ minuto

h → hora

kW → potência

> **Importante**
>
> • Os símbolos não vão para o plural. Veja:
>
> *"– tenho um terreno com 10 m de frente."*
>
> Perceba que o símbolo m não é flexionado para o plural e não tem ponto no seu final, a não ser que o ponto final seja o da própria frase. Por exemplo:
>
> *"– A frente do meu terreno tem 10 m."*
>
> O ponto no final é devido ao final da frase e não por causa do símbolo. Perceba também que a unidade e medida são separadas por um espaço.

Neste campo de símbolos não há espaço para opiniões. Tudo está normalizado.

8.11. Quando fizer perguntas não induza à resposta

Instrua sua secretária a não antecipar prováveis respostas às perguntas dela. Assim, esforce-se para *não perguntar* a um jornaleiro, em um bairro que você não conhece e está perdido.

– A rua Baltazar está próxima, não está?

Pergunte de forma direta e sem indução de resposta:

– Por favor, onde localiza-se a rua Baltazar?

8.12. Ficha de informações

Tenha sempre junto ao telefone fixo do seu local de trabalho uma ficha com as seguintes informações básicas:
– Razão social completa de sua empresa.
– CNPJ.
– Endereço completo com CEP.
– Seu nome completo e, se for o caso, o número do seu telefone e e-mail.

8.13. Instruções para viagens

Quando for viajar instrua a sua secretária para verificar se estão sendo cumpridas as seguintes instruções. Levar:
- Material de apresentação da sua empresa e do projeto a ser apresentado.
- Cartão de visitas em grande quantidade.
- Documento de identidade.
- Cartão de crédito e cartão do plano de saúde.
- Duplicatas do óculos.
- Remédios (se possível leve a cópia da receita para o caso de precisar comprá-los durante a viagem).
- Endereço de destino com detalhes de como chegar.
- Dinheiro para despesas que normalmente não são pagas com cartão de crédito (táxi, gorgetas etc.).
- Nome completo e correto do cliente e o nome, endereço e telefone do hotel ou da pessoa de contato.
- Relógio, celular, notebook.
- Prefira sempre levar malas que possam ficar com você e não tenham que ser despachadas. A maior mala que pode ser embarcada com você em avião e ou ônibus tem as dimensões máximas de $54 \times 38 \times 25$ cm. Malas que você carrega junto de si nunca desaparecem e você sai mais rápido do aeroporto.

8.14. Feiras de negócios ou congressos

Peça a sua secretária para mandar fazer em gráfica a seguinte quantidade de cartões de visitas (*chamada de Equação do Botelho*):

número de cartões de visitas a levar =

$$\{(2 \times n) + 4\}$$

Onde: n é o número de cartões que você inicialmente previu como razoável.

Economize em tudo na vida, menos em cartões de visitas.

Não imprima seus cartões de visita em computador, pois eles costumam manchar com a umidade dos dedos. Mande fazer em uma gráfica e lembre-se que a maior parte das pessoas com poder de decisão tem mais de 40 anos, por isso, pense em um cartão com alta legibilidade (use letras e números em tamanho e tipologia compatíveis com o seu público).

Nesses encontros (feiras e congressos), o mais importante não é o que você pode imaginar, mas sim a lista com endereços e nome dos participantes expositores e visitantes. Por vezes isso é comercializado no fim da feira (congresso).

Se você trabalha em mais de uma área (duas, por exemplo) faça dois tipos de cartões de visita, um para cada área.

8.15. Repita o número do seu telefone todas as vezes que telefonar *(regra de ouro)*

Quando se telefona a procura de alguém e esse alguém não está, ao deixar o recado diga o seu telefone e seu nome completo. Muitas vezes, quem atende (filhos são especialistas nisso) responde:

– *ele deve ter o seu número telefônico, não tem?* (com voz de absoluto desinteresse.)

Isso é um sinal perigoso e indica que seu recado talvez não chegará a quem você quer. Instrua sua secretária a sempre dizer:

– *Mudamos recentemente nosso telefone e peço que o senhor anote o novo telefone e o nome completo do arquiteto e/ou engenheiro que está ligando.*

Com esse pedido o interlocutor terá que se mover e anotar seu nome completo e telefone. A estratégia do nome completo (além do número do telefone) também é para forçar o atendente a anotar tudo (em geral para fúria dele).

8.16. Lista de e-mails – Duas vezes por ano

Oriente sua secretária a organizar a lista de e-mails de clientes, possíveis clientes, colegas e autoridades, no mínimo duas vezes por ano (e se possível fora do período de Natal). A partir dessa listagem, envie semestralmente um e-mail de saudações, relembrando que você está vivo e que trabalha no campo de atividade x.

Um famoso escritório de advocacia, em que a propaganda em jornal ou outra mídia é visto como algo indesejável, estrategicamente duas vezes por ano, comprava duas linhas telefônicas novas e comunicava os novos números por anúncio ou e-mail marketing.

João e João Advogados – Direito Civil e Comercial

Comunicamos que temos nosso novo telefone **0xx99-11111113**.

Os telefones antigos **0xx99-11111111/2** continuam em uso para atender nossos clientes da Área Civil e Comercial.

Os sócios   João da Silva e João de Souza

8.17. Ajuda na localização de um endereço

Quando sua secretária enviar, por meio de um portador, uma encomenda na Rua das Orquídeas n. 1.430, ela deve explicar ao portador como chegar ao endereço. Use os exemplos abaixo para orientação:
- O número 1.430 (na maior parte das cidades) está a 1.430 m do início da rua.
- O início da numeração dos lotes e prédios da rua é a extremidade mais próxima do centro da cidade.
- Sendo número par, o local desejado está a direita de quem entra na rua pelo seu começo.

Conheci um motorista de empresa, com mais de dez anos de profissão, que não sabia disso e considerava o número 1.430 como uma simples referência. Jovens, por vezes, também não sabem dessas regras importantíssimas...

COMUNIQUE-SE COM O ENG. BOTELHO

MANOEL HENRIQUE CAMPOS BOTELHO, engenheiro civil, é um profissional de criação de livros para a engenharia. Seu objetivo é recolher pedidos e necessidades do meio profissional para depois, com o apoio de outros colegas, publicar livros que atendam às necessidades da prática do dia a dia do engenheiro e do arquiteto.

Para ajudar o autor, leia o livro e, depois, por favor, responda ao questionário na página a seguir e envie para Manoel Botelho.

e-mail: manoelbotelho@terra.com.br

Manoel H. C. Botelho promete o envio
via Internet de conjunto de crônicas
tecnológicas de sua autoria.

MANOEL HENRIQUE CAMPOS BOTELHO

e-mail: manoelbotelho@terra.com.br

Minhas considerações sobre o livro
Manual de Primeiros Socorros do Engenheiro e do Arquiteto
2ª edição

Não gostei do livro		Gostei, apenas um pouco		Gostei muito do livro	
Meus comentários					
Gostaria de ver outros assuntos incluídos em um novo livro, tais como:					
Também, assuntos ligados à construção civil deveriam constar de um novo livro.					
Meus dados pessoais, para constar de seu cadastro, e poder ser informado sobre novos livros.					
Nome					
Formação profissional				Ano da formatura	
Endereço					
Bairro		Cidade		UF	
CEP					
E-mail					
			Data / / .		

Outras obras do autor

- Concreto armado eu te amo – volumes 1 e 2
- Águas de chuva: engenharia das águas pluviais nas cidades
- Concreto armado eu te amo para arquitetos
- Quatro edifícios, cinco locais de implantação, vinte soluções de fundações
- Resistência dos materiais, para entender e gostar
- Instalações hidráulicas prediais usando tubos de PVC e PPR
- Manual de primeiros socorros do engenheiro e do arquiteto – vol. 2
- Princípios de mecânica dos solos e engenharia de fundações
- Instalações elétricas residenciais

e a sair

- Topografia para tecnólogos, arquitetos e engenheiros
- Estruturando edifícios
- Concreto armado eu te amo – respondendo cartas e consultas
- Manual dos primeiros socorros – volume 3
- Resistência dos materiais para arquitetos

Colegas engenheiros, arquitetos e professores

Este autor deseja escrever livros de tecnologia práticos e diretos para a realidade brasileira. Considere este como um convite para escrevermos juntos esses livros para os jovens estudantes e profissionais do Brasil.

Manoel Henrique Campos Botelho
e-mail: manoelbotelho@terra.com.br

Aqui você faz suas anotações pessoais

Aqui você faz suas anotações pessoais

Aqui você faz suas anotações pessoais

Aqui você faz suas anotações pessoais

Aqui você faz suas anotações pessoais

Aqui você faz suas anotações pessoais